面向新工科的电工电子信息基础课程系列教材

教育部高等学校电工电子基础课程教学指导分委员会推荐教材

新工科

联邦学习

韩宇星　杨　强　编著

清華大學出版社

北　京

内 容 简 介

在人工智能时代,数据孤岛问题严重阻碍了数据共享与人工智能应用的发展。联邦学习作为一种隐私保护的机器学习范式,允许各机构在不泄露本地数据的前提下协同训练全局模型,有效挖掘分散数据并降低泄露风险,推动了人工智能在各领域的应用。本书全面介绍了联邦学习的核心概念与关键技术,涵盖基础知识、隐私安全、个性化学习、贡献度评估、与大模型的关系、拜占庭问题及实际应用案例。

本书将帮助读者深入理解并掌握联邦学习这一前沿领域的理论与实践,适合作为计算机科学与技术、人工智能和机器学习等专业的教材,也可供大数据和人工智能应用开发的工程师参考。

图书在版编目(CIP)数据

联邦学习/韩宇星,杨强编著. -- 北京:清华大学出版社,2025.8. --(面向新工科的电工电子信息基础课程系列教材). -- ISBN 978-7-302-70065-4

I. TP181

中国国家版本馆 CIP 数据核字第 2025Y2458L 号

责任编辑: 文 怡
封面设计: 王昭红
责任校对: 王勤勤
责任印制: 宋 林

出版发行: 清华大学出版社
     网 址: https://www.tup.com.cn, https://www.wqxuetang.com
     地 址: 北京清华大学学研大厦 A 座   **邮 编:** 100084
     社 总 机: 010-83470000   **邮 购:** 010-62786544
     投稿与读者服务: 010-62776969, c-service@tup.tsinghua.edu.cn
     质 量 反 馈: 010-62772015, zhiliang@tup.tsinghua.edu.cn
     课 件 下 载: https://www.tup.com.cn, 010-83470236
印 装 者: 三河市龙大印装有限公司
经 销: 全国新华书店
开 本: 185mm×260mm   **印 张:** 9.25   **字 数:** 175 千字
版 次: 2025 年 9 月第 1 版   **印 次:** 2025 年 9 月第 1 次印刷
印 数: 1~1500
定 价: 45.00 元

产品编号:112200-01

　　人工智能是引领新一轮科技革命的战略性技术，是全球科技竞争的重要战略抓手，是科技发展、产业优化、生产力跃升的重要战略资源，具有"头雁"效应。数据作为人工智能的重要支撑，在当前深度学习与大模型的时代，其重要性与价值愈发凸显。然而，由于隐私、伦理、合规等多方面的问题，通过多个数据源协作构建大模型所需的大规模训练数据，却成为一个艰巨的任务，数据协作与隐私安全之间的矛盾成为人工智能发展的重要挑战。

　　联邦学习为解决这一矛盾提供了新的思路。作为一种分布式机器学习范式，联邦学习以"原始数据不出域，数据可用不可见"为核心理念，通过模型参数或虚拟生成数据的受保护交换，实现"数据不动、模型动"，从而允许多方在不共享原始数据的情况下协同训练模型。这一技术不仅有效解决了数据隐私与安全合规问题，还为医疗、金融、物联网等敏感领域的智能化应用开辟了广阔空间。

　　作为清华大学出版社重点规划的人工智能前沿教材，本书由韩宇星教授与杨强教授合著，旨在为读者讲解联邦学习，理论深度与实践价值并重。在理论层面，从联邦学习的定义、分类、系统架构出发，详细分析了安全威胁的应对策略。在实践层面，展示了联邦学习在医疗诊断、金融风控、智能推荐等领域的成功应用，并探讨了联邦学习与大模型结合的研究方向。

　　本书的出版，不仅填补了该领域系统性教材的空白，也为推动联邦学习的学术研究与实践落地提供了重要参考。无论读者是希望系统掌握联邦学习理论体系，还是寻求破解行业数据孤岛的实践方案，这都是一本不可多得的指南。

戴琼海，中国人工智能学会理事长

当今人工智能（AI）技术飞速发展，大模型技术日新月异，AI 正成为新质生产力的代表，而数据则是驱动人工智能进步的关键。然而，随着高质量的公开数据正在迅速耗尽，几年后 AI 大模型将面临无新鲜数据可用的局面。在这种困境下，能否使用不同的私域数据来持续发展 AI 也成为大众的关注。

然而，使用私域数据会涉及数据安全和隐私，这也是现在集中式 AI 模型训练所面临的一个难题：如何在保护用户隐私的同时，持续提升模型的能力？联邦学习的出现，为这个问题提供了创新解法，让人工智能在保护隐私和数据安全的前提下继续成长。

联邦学习采用了独特的思路来训练和使用模型，让模型去各个数据源学习，而不是把数据收集到一起。用杨强老师举的例子，这就像让羊（模型）去不同的围栏里吃草（数据），而不需要将各方的草聚集到一起，再来喂羊。这种方法既能保护医院、银行、手机等场景中的敏感数据，又能利用分散在各处的多样化数据来训练更好的模型。这项技术结合了机器学习、密码学和分布式计算等领域，正在推动人工智能进入更注重隐私保护的新时代。联邦学习的重要意义在于，它让更多参与者能够安全地协作。中小企业不需要大量数据也能参与人工智能的开发，不同机构之间可以共享智慧而不泄露隐私。当这项技术与生成式人工智能结合时，还能创造出既保护隐私又个性化的服务，比如根据你的使用习惯优化手机助手，但你的数据始终留在本地。

这本《联邦学习》教科书由韩宇星教授与杨强教授共同编写，全面讲解了该技术的原理和应用。书中不仅介绍横向联邦学习（不同机构用相同类型数据合作）和纵向联邦学习（不同机构用不同类型数据互补）等基础模式，还详细讲解了数据加密、差分隐私等关键技术。通过医疗领域的疾病诊断、金融领域的风险控制等真实案例，展示了如何在不共享数据的前提下训练出有效的模型。

本书系统性地阐述了联邦学习技术，并兼顾理论深度与实践指导性。我强烈推荐本书给广大人工智能相关的学生和老师、研发人员、关注数据安全的工程师，以及制定相关政策的从业者，希望读者们能够通过这本书走进联邦学习的世界，共同探索隐私安全与智能发展并行的未来。

郑志明，北京航空航天大学人工智能学院院长

在人工智能时代，各组织和机构积累了海量的数据，然而由于竞争、商业机密和隐私保护等因素，这些数据往往难以共享，形成了明显的数据孤岛现象。这种孤岛不仅限制了数据的有效利用，还阻碍了人工智能模型的训练和优化，导致算法性能的提升受到制约。

与此同时，随着全球对数据隐私的重视，一系列数据隐私法案相继出台，如欧盟的《通用数据保护条例》（GDPR）和美国的《加利福尼亚州消费者隐私法案》（CCPA）。这些法规要求企业在处理个人数据时必须遵循严格的隐私保护标准，确保用户的同意和数据的安全。这使得传统的集中式数据处理方法面临诸多合规风险，企业对用户数据的使用受到限制。

为了解决数据共享的难题，研究人员开始寻求一种新的方法，以便在不需要将所有数据集中到一个中心存储点的情况下训练机器学习模型。一种可行的方法是：各个拥有数据源的机构利用自身的数据独立训练一个模型，随后各机构的模型间进行信息交换，最终通过模型聚合得到一个全局模型。为了确保用户隐私和数据安全，精心设计各机构之间交换模型信息的过程，确保没有任何机构能够推断出其他机构的隐私数据内容。同时，在构建全局模型时，使其效果与集中式训练的模型几乎一致。这便是联邦学习（Federated Learning，FL）提出的动机和核心思想。

联邦学习是一种利用分散在各参与方的数据集，通过隐私保护技术融合多方数据信息，协同构建全局模型的分布式训练范式。在模型训练过程中，模型参数、模型结构、参数梯度等相关信息可以在参与方之间进行交换（可以通过明文、数据加密或添加噪声等方式）。然而，本地训练数据始终留在本地，确保用户数据的隐私不受威胁。这种机制极大地缓解了数据泄露的风险，训练好的联邦学习模型可以在各数据参与方之间共享和部署使用。

联邦学习的提出为解决数据孤岛问题、提高数据利用率和保护用户隐私提供了新思路。在未来的人工智能发展中，联邦学习有望成为一种重要的研究方向，推动机器学习技术在各个领域的广泛应用。随着对联邦学习研究的深入，它将为数据驱动的智能决策提供有力支持，助力构建一个更加智能化和互联互通的世界。

本书专注于联邦学习的全面介绍，旨在成为读者探索这一前沿领域的优选入门书籍。无论是计算机科学、人工智能还是机器学习专业的学生，抑或是从事大数据和人工智能应用开发的工程师，都能从中受益。特别是针对本科高年级学生、研究生、大学教师以及研究机构的研究人员，本书提供了深入的理论基础与应用方式，帮助他们掌握联邦学习的核心概念和技术。

本书各章节内容系统全面，旨在帮助读者深入理解联邦学习的多维度特性。第 1 章回顾了联邦学习的基本概念，包括其提出的背景、定义以及分类，帮助读者建立初步的认识。第 2 章聚焦于隐私安全问题，这是联邦学习研究的核心。该章详细讨论了联邦学习面临的隐私安全威胁及如何设计保障数据隐私和模型安全的系统。第 3 章探讨了在参与方数据具有统计异质性和非独立同分布的情况下，如何应对全局模型泛化能力的损失，介绍了个性化联邦学习的概念和方法。第 4 章分析了如何量化各参与方在模型训练中所作的贡献，强调了评估机制在激励参与者和促进合作中的重要性。第 5 章从联邦大模型和联邦迁移学习两个角度介绍了联邦学习在大模型应用中的潜力。第 6 章讨论了在联邦学习中遇到的拜占庭问题及其对模型安全的威胁，介绍了多种解决方案，确保模型训练的安全性。第 7 章展示了联邦学习在现实世界中的具体应用案例，体现了其广泛的实用性和前景。通过这些章节，读者将全面了解联邦学习的理论基础及其实际应用。

本书在编撰过程中有幸得到了众多专家与学生的支持和帮助，特别感谢范力欣博士、古瀚林博士对于本书提出的宝贵意见，同时感谢学生赵心远、朱公溪对本书编辑提供的帮助。由于水平有限且工作量繁多，书中理解不当之处在所难免，恳请读者批评指正。

韩宇星　杨　强

2025 年 5 月

目录

第 1 章

联邦学习基础

本章将回顾联邦学习的基本概念，包括其提出的背景、定义和分类等相关知识，使读者对联邦学习有初步的认识。

1.1　联邦学习概述

1.1.1　联邦学习背景

随着算法不断被创新、训练数据不断被收集、硬件算力不断被增强，机器学习技术，特别是深度学习（Deep Learning，DL）技术在人工智能（Artificial Intelligence，AI）应用领域取得了巨大成功。例如：在图像识别领域，通过卷积网络实现的视觉算法在识别正确率上早已超越人类；在自然语言处理领域，Google 在 2018 年提出的 BERT 算法[1]，刷新了自然语言处理的 11 项纪录；在推荐系统领域，YouTube、FaceBook、Netflix 等科技公司正在使用智能的推荐引擎，通过分析用户的历史数据，为用户推荐个性化的内容和商品，帮助提升用户的黏性和留存率。

在过去很长的一段时间，数据的价值主要体现在作为一种燃料，为人工智能模型提供大量的训练样本数据，帮助提升模型的效果。但随着移动互联网的快速发展，数据的规模变得越来越庞大与复杂，数据的存在价值已经不局限于作为训练数据而存在，而是以一种资产的形式服务于各家企业，并预期给企业带来经济收益。这种经济收益可以体现在两方面：一方面是数据作用于产品或者业务，从而间接帮助提高产品的收益，比如各运营商或者社交网络服务商都拥有丰富的用户数据，基于用户的行为数据、位置信息等数据，为每个用户构建完善的用户画像，帮助企业深入了解用户行为偏好和需求；另一方面，数据可以直接与企业收益相关，比如各金融机构有用户的历史逾期数据，一个有效的对逾期用户的识别模型，能够大大降低金融机构的贷款风险，减少公司的潜在经济损失。数据的资产属性也催生了一种新的商品交易模式，即大数据交易。

正是因为数据具有资产的属性，使得从政府、企业乃至个人都对数据越来越重视。但由于相互之间的竞争和隐私保护法规，各方的数据很难共享，导致数据呈现出割裂的状态，进而影响了对数据极度依赖的人工智能的发展。

为此，人们开始寻求一种方法，它能够不必将所有数据集中到一个中心存储点就能够训练机器学习模型。一种可行的方法是每个拥有数据源的机构利用自身的数据单独训练一个模型，之后各机构的模型彼此之间进行交互，最终通过模型聚合得到一个全局模型。为了确保用户隐私和数据安全，各机构间交换模型信息的过程将会被精心设计，使得没有机构能够猜测得到其他机构的隐私数据内容。同时，在构建全局模型时，其效果与数据源被整合在一起进行集中式训练的效果几乎一致，这便是联邦学习（Federated Learning，FL）提出的动机和核心思想。

1.1.2 联邦学习定义与分类

联邦学习是通过隐私保护技术融合多方数据信息，协同构建全局模型的一种分布式训练范式。在模型训练过程中，模型相关的信息（如模型参数、模型结构、参数梯度等）能够在各参与方之间进行交换（可以通过明文、数据加密、添加噪声等方式），但本地训练数据不会离开本地。这一交换不会暴露本地的用户数据，极大地缓解了数据泄露的风险，训练好的联邦学习模型可以在各数据参与方之间进行共享和部署使用。

随着联邦学习研究的不断深入，已经有越来越多的传统机器学习算法开始支持在联邦学习框架上运行，本节对目前常用的机器学习算法在联邦学习上的实现进行简短小结。

横向联邦学习如图 1.1 所示，在文献 [2] 中首次被提出，常用于跨设备端（Cross-Device）场景，是当前研究最多的联邦学习类型。目前，线性模型（如线性回归、逻辑回归等）、提升树模型 GBDT [3]、递归神经网络 [4]，卷积神经网络 [5]、个性化推荐中的横向矩阵分解等都已经在横向联邦上实现。事实上，通常情况下使用梯度下降等最优化算法迭代优化的机器学习模型基本都能通过横向联邦学习框架进行训练。

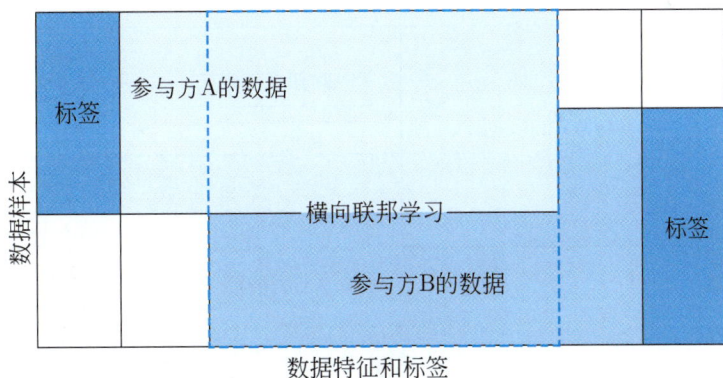

图 1.1 横向联邦学习示意 [6]

纵向联邦学习如图 1.2 所示，在文献 [6] 中正式提出，常用于跨机构（Cross-Silo）场景。目前，线性模型（如线性回归、逻辑回归等）、提升树模型 SecureBoost [7]、神经网络、个性化推荐中的纵向矩阵分解、纵向因子分解机等都已经在纵向联邦上实现。

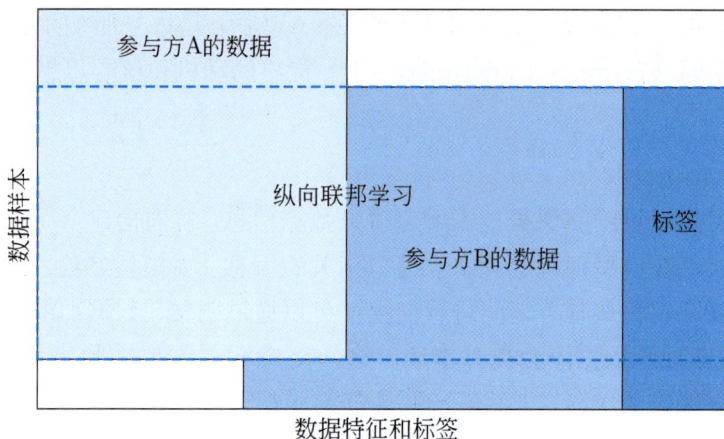

图 1.2　纵向联邦学习示意 [6]

　　联邦迁移学习（Federated Transfer Learning，FTL）如图 1.3 所示，它是将联邦学习与迁移学习相结合的一项新技术，其目的是在保护数据隐私的前提下，强调即使在异构特征分布的多方场景下，也能够协同并提升模型性能。文献 [8] 提出了一种安全的联邦迁移学习框架，包括基于同态加密（HE）和 secret sharing 的实现；文献 [9] 在 Google Cloud 上用 FATE（Federated AI Technology Enabler）对联邦迁移学习的性能进行了实验分析，并提出了可以提高性能的优化方案。总体来说，FTL 相对前面两种类型，当前的研究还比较少，也是今后联邦学习的重点研究方向。

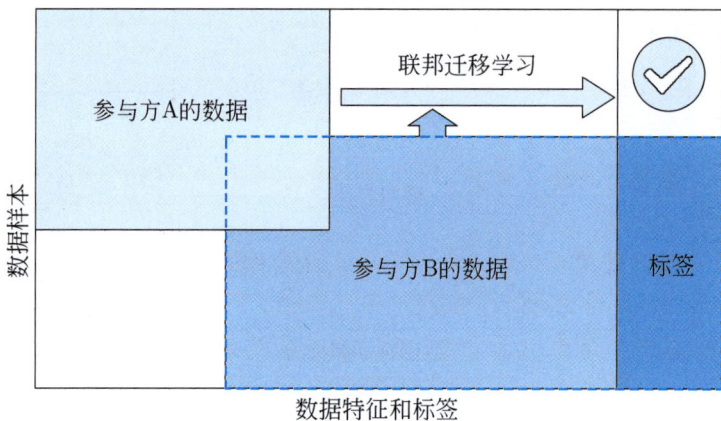

图 1.3　联邦迁移学习示意 [6]

1.1.3　联邦学习发展与现状

　　2016 年，联邦学习的概念被首次提出后 [2]，研究者在隐私、公平性、知识迁移、贡献度评估、个性化等问题上进行了大量深入探索。2019 年，杨强等在 "Federated Learning: Concept and applications"[6] 中第一次正式形式化定义 "联邦学习" 和横向联邦、纵向联邦、联邦迁移等范式。2020 年，首部系统性联邦学习技术图书《联邦学习》[10] 出版，填补了这一领域的空白，其涵盖了理论知识总结、实践案例分析和未来技术展望的完整链，为研究者和从业者提供了全面的理论与实践指导。目前，联邦学习在多个行业已经获得了广泛的应用，包括医疗健康、金融等数据敏感行业。

在医疗领域，联邦学习应用场景有多中心数据整合与分析[11]、疾病模型预测与诊断[12]、个性化医疗方案制定[13] 和医疗影像分析[14,15]。在医疗行业，数据分布在不同的医疗机构，如医院、诊所和研究机构。由于数据隐私和安全问题，这些机构很难直接共享患者数据。联邦学习通过在本地设备上进行训练，仅共享模型参数，避免了数据的集中化，保护了患者隐私。例如，不同医院可以合作训练一个疾病预测模型，而无须将各自的患者数据上传到中央服务器。联邦学习被用于训练复杂的疾病预测模型，如癌症筛查、心脏病预测和糖尿病管理等。通过整合多中心的数据，联邦学习能够获得更全面和多样化的训练数据，提高模型的泛化能力。例如，在癌症预测中，多家医院可以联合训练一个模型，提高其对不同患者群体的预测准确性。联邦学习可以帮助实现个性化医疗。通过分析大量分布式的数据，模型可以学习到不同患者的个体差异，从而提供个性化的治疗方案。例如，在药物推荐系统中，联邦学习可以结合不同患者的病历数据，推荐最合适的治疗方案和药物剂量。医疗影像分析是联邦学习的重要应用领域之一。通过联合多个医疗机构的影像数据，联邦学习可以训练出高精度的图像识别模型，用于疾病检测和诊断。例如，在肺炎检测中，多个医院的 X 光片可以用于训练一个联合模型，提高其对肺炎的检测准确性。

在金融领域，联邦学习的应用主要体现在反欺诈检测、用户信用评估、个性化金融服务和金融市场的分析与预测中。金融机构利用联邦学习技术，结合多家银行的交易数据，共同训练反欺诈检测模型，提升检测效率和准确性[6]。欺诈检测模型需要大量的交易数据，而这些数据通常分散在不同的银行和支付机构。通过联邦学习，各机构在本地训练模型，然后共享模型参数，而不是原始数据。这种方式不仅提高了模型的检测能力，还保护了用户的隐私。研究表明，联邦学习模型在检测信用卡欺诈交易方面的表现优于单一机构训练的模型。通过联邦学习技术，金融机构可以在不共享用户数据的情况下，共同训练信用评分模型，改善信用评估的准确性[16]。信用评分模型通常需要大量的用户数据，包括信用记录、贷款历史等。各金融机构可以利用联邦学习技术，在本地对数据进行处理和训练，并共享模型参数。这种方法不仅提高了模型的泛化能力，还减少了数据泄露的风险。实验结果显示，联邦学习模型在信用评估中的表现显著优于传统的单一机构模型。金融机构通过联邦学习技术，结合多方数据，为用户提供个性化的金融产品和服务。个性化金融服务需要大量的用户行为数据和交易记录。通过联邦学习，金融机构可以在本地处理数据，并通过共享模型参数的方式，联合其他机构的数据进行训练，开发出更精确的个性化服务模型。金融市场分析需要大量的历史数据和实时数据，通过联邦学习，可以结合多家金融机构的数据，提升市场分析与预测的准确性。金融市场预测模型需要结合多种数据源，包括股票价格、交易量、新闻等。通过联邦学习，多个金融机构可以在本地处理这些数据，并通过共享模型参数进行联合建模。

　　同时，联邦学习被部署在边缘侧，也有了很多应用场景，主要体现在物联网（IoT）、智能家居、移动设备和自动驾驶等领域。通过在边缘设备上进行本地模型训练，联邦学习不仅提高了数据隐私和安全性，还降低了数据传输的延迟和带宽需求。在智能工厂中，成千上万的传感器和设备需要实时数据处理和决策。联邦学习可以在这些设备上本地训练模型，并通过共享模型参数提高整体系统的智能化水平[17]。一个具体的应用是通过联邦学习优化设备的维护和故障检测模型，多个工厂的设备可以联合训练模型，而不需要共享敏感的生产数据。在智能家居的场景中，智能家居设备如智能音箱和语音助手需要处理大量用户的语音数据。通过联邦学习，这些设备可以在本地训练语音识别模型，保护用户隐私的同时，不断提高识别准确性[18]。多个家庭的智能音箱可以联合训练语音识别模型，提升设备对不同口音和语速的适应性。移动设备上的应用，如新闻推荐和广告推送，需要个性化的数据处理。联邦学习可以在本地训练推荐模型，根据用户行为和偏好进行个性化推荐，同时保护用户的隐私[19]。手机上的新闻应用可以通过联邦学习技术，在本地训练个性化推荐模型，并与其他用户的设备共享模型参数，提升推荐效果。自动驾驶车辆需要处理大量的传感器数据进行环境感知和决策。联邦学习可以在各个车辆上本地训练模型，提升整体系统的安全性和决策能力[20]。多个自动驾驶汽车可以通过联邦学习技术，联合训练环境感知和驾驶决策模型，提高对复杂交通状况的处理能力。同时，可穿戴设备如智能手表和健身追踪器收集大量用户健康数据。通过联邦学习，这些设备可以在本地训练健康监测模型，提供个性化的健康建议，同时保护用户的隐私[21]。

　　尽管联邦学习在数据隐私保护方面显示出了巨大的潜力，但它仍面临诸多挑战，如通信开销、异构性和安全问题等。未来的研究方向包括更高效的通信协议、更强的模型鲁棒性以及更完善的安全机制，以推动联邦学习在更广泛的实际应用中落地。联邦学习过程中，各设备需要频繁与中央服务器进行通信以传输模型参数，这会导致较高的通信开销，特别是在带宽受限的环境中，研究更高效的通信协议和压缩技术，如梯度压缩、模型剪枝和量化技术，以减少通信量。联邦学习模型在面对异构数据（不同设备上的数据分布和质量不同）时，可能会导致模型的泛化能力下降，开发鲁棒的联邦学习算法，如个性化联邦学习、异构数据处理方法，以提高模型在不同设备上的性能一致性。尽管联邦学习在一定程度上保护了数据隐私，但仍然存在模型逆向工程和恶意攻击的风险（如差分攻击和中毒攻击），引入更强的隐私保护技术（如差分隐私（DP）、同态加密、联邦验证和防御机制），以提高系统的安全性和隐私保护水平。随着设备数量的增加，联邦学习系统需要处理更多的数据和更复杂的模型训练任务，面临扩展性和计算资源的挑战，研究分层联邦学习架构、动态设备调度和资源管理策略，以提高系统的可扩展性和高效性。不同应用场景对联邦学习算法的需求不同，需要算法具有更高的灵活性和适应性，以满足各种实际需求，开发通用且灵活的联邦学习框架，支持多种算法和模型的集成与调整，适应不同的数据分布和应用场景。联邦学习的广泛应用需要统一的标准和规范，以确保不同系统和平台之间的互操作性和协同工作，推动联邦学习的标准化进程，制定相关技术规范和标准，促进产业界和学术界的协同发展。

1.2 系统模型与威胁模型

1.2.1 联邦学习系统结构

联邦学习系统主要包含客户端、中央服务器、通信机制、模型聚合算法、隐私保护技术、系统管理与监控多个关键组件。

客户端是拥有数据并参与模型训练的边缘设备或节点，如手机、传感器、智能家居设备等。客户端在本地处理和存储数据，进行数据预处理和特征提取，使用本地数据训练模型，并生成本地模型更新（如模型权重或梯度）。客户端对模型更新进行加密或应用隐私保护技术，如差分隐私，以保护数据安全。

中央服务器负责协调和管理联邦学习过程，聚合来自客户端的模型更新。中央服务器初始化全局模型并分发给客户端，确保所有客户端从相同的起点开始训练。中央服务器接收来自各客户端的模型更新，使用聚合算法（如 FedAvg（Federated Averaging））计算全局模型的更新。中央服务器应用隐私保护机制，确保在聚合过程中不泄露任何单个客户端的私人信息。

通信机制用于在客户端与中央服务器之间传输模型参数和更新，确保数据传输的高效和安全。通信机制主要包含通信协议和带宽优化。通信协议定义客户端和中央服务器之间的通信方式，包括数据传输格式和加密方式。关于带宽优化的问题，使用模型压缩、梯度剪枝和差分隐私等技术，减少通信量和带宽需求，提高通信效率。

模型聚合算法用于中央服务器端，将来自不同客户端的本地模型更新聚合成全局模型。常见的聚合算法包括 FedAvg，它通过加权平均方式聚合各客户端的模型更新。模型聚合算法通过设计不同的模型聚合方式，处理异构数据和不平衡数据，确保聚合过程对噪声和异常数据具有鲁棒性。

隐私保护技术确保联邦学习过程中不泄露任何客户端的私人数据。常见的隐私保护技术可以分为差分隐私、同态加密和安全多方计算（Secure Multi-Party Computation，SMPC）等几类。其中：差分隐私是在模型更新中添加噪声，防止敏感信息泄露；同态加密允许对加密数据进行计算，保护数据隐私；安全多方计算在多个参与方之间安全地计算函数，确保数据隐私。

系统管理与监控确保联邦学习过程的稳定运行和性能优化。其负责管理和调度客户端的训练任务，确保资源的有效利用，并监控系统性能和训练过程，检测异常情况并进行调整。同时记录系统运行日志，进行分析和优化。

1.2.2 联邦学习威胁模型

1. 攻击者设定

攻击者对联邦学习系统发动不同攻击时有不同的攻击目标，同时也需要不同的背景知识和能力，因此本节从攻击者目标、攻击者能力以及攻击者知识三个维度对安全攻击的威胁模型（Threat Model）进行分析。

1）攻击者目标

攻击者目标是降低联邦学习全局模型的性能（如准确率、$F1$ 分数等），根据其具体目标可细分为非定向攻击和定向攻击两类。其中：非定向攻击是影响模型对任意输入数据的推理；定向攻击只降低模型对特定标签的输入数据的推理准确率，而不影响或轻度影响其他标签数据的性能。以自动驾驶应用的交通标志识别模型为例，非定向攻击是使模型无法识别所有交通标志；定向攻击可以使模型将停车标志识别为限速标志，而不影响其他标志的识别。

2）攻击者能力

攻击者能力是指攻击者对联邦学习系统的角色和数据所拥有的操作权限。在现有的安全研究工作中，攻击者能力从高到低依次包括控制服务器、控制多个参与方、控制单个参与方和控制参与方训练数据。其中，控制服务器和控制参与方是指攻击者可以随意访问修改服务器或参与方的模型和数据，干扰其执行的操作；控制训练数据是指攻击者可以读取、插入或修改参与方的训练数据集。攻击要求的能力越低，在实际应用中越容易实施。

3）攻击者知识

攻击者知识是指攻击者对目标联邦学习系统所拥有的背景知识，具体包括服务器采用的聚合算法、每轮迭代中所有参与方上传的模型更新、参与方训练数据集的数据分布等。攻击所需知识越少，在实际应用中越容易实施。

2. 攻击方式

1）隐私推理攻击和中毒攻击

隐私推理攻击一般不会改变目标模型，而是收集有关模型的特征来导致隐私和鲁棒性问题。推理攻击一般分为四种：第一种是成员推理攻击；第二种是属性推理攻击，攻击者试图获取其他用户的私有数据的属性；第三种是训练输入和标签推断攻击，这种攻击方式可以确定 FL 模型类的标签和客户端的训练输入，往往更具有破坏性；第四种是基于生成对抗网络（GAN）的推理攻击，这种情况下可以生成对抗网络来执行强大的攻击。

中毒攻击发生在联邦学习的训练阶段，可分为数据中毒和模型中毒两种方式。数据中毒主要通过添加噪声或者翻转标签来改变训练数据集，模型中毒通过操作模型更新导致全局模型偏离正常模型。

2）后门攻击和拜占庭攻击

后门攻击是指攻击者在模型训练过程中通过某种方式对模型植入后门，当后门没有被激活时，被攻击的模型与正常模型无异；当后门被激活时，模型的输出变成攻击者事先指定好的标签来达到恶意攻击的目的。拜占庭攻击旨在阻止全局模型收敛。

1.3 联邦学习系统目标

联邦学习作为一个分布式机器学习系统，其目标不仅局限于模型性能的优化，还包括隐私、安全、效率和公平多个重要的目标。这些目标共同构成了联邦学习的核心价值，使其成为在数据隐私保护和分布式计算中不可或缺的技术。联邦学习"没有免费的午餐"定理[22]证实了联邦学习系统不可能同时达到效能、效率、隐私的最优，而是获得一个满足不同偏好的帕累托最优前沿。研究者也在持续努力寻找推进帕累托前沿的方案。

1.3.1 隐私目标

保护隐私是联邦学习的核心目标之一。在传统的集中式机器学习方法中，数据需要被集中到中央服务器进行训练和推理，这样做可能导致数据泄露的严重风险。在联邦学习系统中，数据始终保留在联邦参与方内部，通过使用差分隐私、安全多方计算和同态加密等方式，客户端和中央服务器共享模型梯度或参数等信息，从而达到保护隐私的目标。

在横向和纵向联邦学习场景中,客户端通常与中央服务器共享模型参数或者模型梯度。然而,共享模型参数等隐私数据的间接信息并不能提供隐私安全的保证,已经有一系列工作证明了其中的安全漏洞。在模型逆向攻击[23]中,攻击者利用访问的模型参数或梯度信息逆向推测训练数据的某些特征或重建训练数据;在深度泄露攻击[24]中,攻击者使用接收到的梯度信息以及初始的模型参数反向优化一个随机生成的输入数据,使其产生的梯度与共享的梯度尽可能匹配,从而逐步恢复出原始的训练数据;在生成对抗攻击[25]中,攻击者利用生成式对抗网络的生成能力构建一个生成模型来模拟训练数据的分布,攻击者通过这种方式可以生成与真实训练数据高度相似的数据样本,从而间接推测出训练数据的某些特征或分布。面对联邦学习共享模型参数或模型梯度隐私保护不完备的问题,我们需要设计一系列方案,达到隐私保护目标。

在大模型参数的联邦迁移场景中,对于隐私保护又提出了新的要求。在推理场景中,大模型由于体量巨大和版权问题,往往难以进行本地部署,需要部署在云端执行推理任务。客户端需要上传提示词至中央服务器进行模型推理,从而造成隐私泄露,这就需要设计隐私保护算法,保护提示词隐私,包括提示词的概率分布和上传的辅助文件。在利用大模型辅助本地训练的场景中,中央服务器部署性能强大的基础模型,本地部署轻量化的特定功能的小模型,针对大小模型之间共享信息造成的隐私泄露问题,也对联邦学习的隐私保护提出了新的目标。

1.3.2 安全目标

在联邦学习中,除了隐私安全问题,还涉及模型的安全。攻击者试图在不被发现的情况下,在联合训练的模型中植入恶意行为或功能。这种攻击可以在多个场景中发生,且对联邦学习系统的安全性和可靠性构成严重威胁。这种攻击称为后门攻击。

具体而言,攻击者在本地数据集中插入一些带有特定触发模式的样本,这些样本与目标标签不一致。例如,在图像分类任务中,可以在部分训练图像中添加特定的噪声或图案,然后将这些图像的标签更改为攻击者想要的标签。或者,攻击者在本地模型训练阶段通过修改损失函数或梯度来引入后门,使得更新后的模型在特定输入下表现异常。攻击者通过在本地数据或模型更新中植入后门,尽可能保持模型在正常任务上的性能不变,从而不被检测到。后门通常只在特定条件下(如特定输入模式)被触发,而在其他情况下模型表现正常,这使得攻击更加隐蔽和难以发现。攻击者可以是参与联邦学习的多个节点中的一个或几个,利用联邦学习系统的分布式特性来实施攻击。

1.3.3 多目标平衡

在联邦学习中，往往需要权衡模型性能、隐私、安全、传输效率等多个目标[22]，这就要求我们引入多目标优化方法，找到符合不同偏好的平衡点。研究人员一直在努力定义和形式化这些多目标学习问题，以便进行更深入的研究。目前已经提出多种多目标优化算法，以在联邦学习中处理多个冲突目标。这些算法通常可以分为以下类型。

（1）加权方法：通过为每个目标分配权重，将多个目标融合为单一的目标函数。这使得可以在不同目标之间找到平衡，但需要事先确定权重。

（2）一些方法寻求在不损害任何一个目标的前提下改进其他目标。帕累托前沿方法通常使用多目标优化算法，如非支配排序遗传算法（Non-Dominated Sorting Genetic Algorithm-II，NSGA-II）来生成一组非支配解。

（3）一些研究方向涉及将多目标优化与深度学习相结合，包括使用多目标损失函数和神经网络来处理多目标问题。具体方法上，主要使用了基于进化算法的和基于贝叶斯法的多目标优化算法，例如 NSGA-II 和 MOEA/D（Multi-Objective Evolutionary Algorithm Based on Decomposition）。

具体而言，文献 [26] 借助理论工具提出了高效寻找效能-隐私帕累托前沿的方案；文献 [27] 进一步证明了联邦学习中效率-效用-隐私的不可能三角[22]，为选择合适的隐私保护方案和超参数提供了指导；文献 [28] 改进了传统多目标优化方法，在多个不同场景中，证明了多目标优化方法的有效性；文献 [29] 从 PAC Learning（Probably Approximately Correct Learning）的角度讨论和量化了联邦学习中的效率-效用-隐私的权衡；文献 [30] 提出利用参数畸变和数据生成，在相同隐私保护强度下，达到接近最优效能的方法。

多目标优化在联邦学习中现阶段已经有了广泛的应用场景，具体如下：

（1）模型性能和隐私的权衡。例如，在医疗领域，可以同时考虑模型的准确性和患者数据的隐私保护。多目标优化可以帮助找到权衡点，使得模型在保护隐私的同时具有足够的性能。

（2）通信和计算开销优化。在联邦学习中，减小通信和计算开销也是一个重要目标。多目标优化可以帮助找到模型更新的最佳策略，以减小开销同时保持性能。联邦学习中多目标优化的未来发展将聚焦于更智能、自适应和协调的方法，以平衡不同目标，并应对动态变化的环境。

（3）自动化权衡和多目标选择。未来，研究将集中在如何自动选择、权衡和优化多目标中的目标函数。这可能涉及自动机器学习（AutoML）技术，以确定最佳的权衡策略和目标选择，从而根据具体任务动态调整权重。

（4）动态适应性优化策略。研究人员将探索开发动态适应性优化策略，以在联邦学习中更好地应对不断变化的数据分布、设备性能和隐私需求。这包括实时优化决策，以在运行时调整优化策略。

（5）分布式多目标协调。研究将聚焦于如何在分布式联邦学习中协调多目标优化。这包括开发新的通信和协调协议，以促进设备之间的多目标协商和共识达成。

（6）多目标深度学习体系结构。将继续研究和开发多目标深度学习体系结构，以在模型中有效地整合多个目标。这包括多目标损失函数的设计和多目标神经网络结构的研究。

1.3.4 贡献度评估

在分布式的联邦学习系统中，各个联邦参与方因数据量、数据质量、传输效率和算力水平不同的因素会造成贡献度的不一致。这就要求我们在联邦学习系统中合理有效地评估各个联邦参与方的贡献度，保证各个联邦参与方的公平性和利益。

在联邦学习中，贡献度和公平性研究主要集中在如何公平地评估和奖励各参与方的贡献，以及在模型训练过程中确保所有参与方得到公平对待。这些研究的核心在于解决数据不平衡、资源差异以及不同参与方对全局模型的影响等问题，从而保证联邦学习系统的效率和公平性。

联邦学习中的贡献度评估主要有以下三种方法：

（1）基于沙普利（Shapley）值的方法：这是一种源自合作博弈论的公平分配方法，用于评估每个参与方对模型整体贡献的公平性。Shapley 值计算每个参与方在所有可能的参与方组合中的边际贡献，然后取这些边际贡献的平均值。这种方法理论上公平，但计算复杂度高，特别是在参与方数量较多时[31]。

（2）梯度对比方法：通过比较各参与方提交的梯度更新与全局模型更新的相似度来评估贡献度。若某个参与方的梯度更新与全局模型更新高度相关，则认为该参与方的贡献较大。这种方法计算复杂度较低，但在数据分布严重不平衡的情况下不够准确[32]。

（3）基于性能增益的评估方法：通过评估每个参与方的模型更新对全局模型性能的提升程度来确定贡献度。具体来说，可以将各参与方的更新逐一应用到全局模型中，并观察模型在验证集上的性能变化。这种方法直观且易于解释，但在计算上也较为烦琐，特别是在大规模联邦学习系统中[33]。

联邦学习中的公平性问题主要体现在训练过程中的公平性和模型性能分布的公平性两方面。在训练过程中的公平性方面，不同参与方的数据量和质量差异较大，且计算资源和通信能力也不尽相同。这些差异可能导致某些参与方在训练过程中被过度忽视或过度依赖,从而影响系统的公平性。研究人员提出了一些策略,如加权平均和动态调整。加权平均是在模型更新的聚合过程中对每个参与方的更新赋予不同的权重,这些权重可以基于参与方的数据量、数据质量或历史贡献度来确定[18]。通过合理的权重分配,可以在一定程度上平衡各参与方的影响。动态调整是在训练过程中根据参与方的表现和贡献度动态调整其权重和参与频率。例如,可以根据每轮训练中各参与方的表现调整其在下一轮中的权重,或者在训练过程中动态选择参与方,以确保所有参与方都有机会参与训练[34]。

在模型性能分布的公平性方面,联邦学习的目标是训练一个全局模型,使其在所有参与方的数据上都表现良好。然而,由于数据的多样性和不平衡性,不同参与方的数据对模型会有不同的影响,从而导致模型在某些参与方的数据上表现较差。为了解决这一问题,研究人员提出了一些方法,如公平优化和个性化模型。公平优化是在模型训练过程中通过优化目标函数来平衡模型在不同数据集上的表现。例如,可以在目标函数中加入对不同参与方数据上的性能约束,或者通过多任务学习的方法来兼顾不同参与方的数据[35]。个性化模型是在训练一个全局模型的同时,为每个参与方训练一个个性化模型。这种方法可以在保证全局模型性能的同时,针对每个参与方的数据特点进行优化,从而提高模型的公平性和适用性[36]。

在实际应用中,联邦学习的贡献度和公平性研究仍面临一些挑战,例如,如何在保证系统效率的前提下计算和应用复杂的贡献度评估方法;如何在动态和异构的网络环境中确保公平性策略的有效性;如何在保护参与方隐私的同时获取足够的信息来评估贡献度和优化公平性策略。尽管如此,联邦学习在保障数据隐私和安全的前提下,已经在多个领域展现了广阔的应用前景。通过持续的研究和优化,贡献度评估和公平性问题有望得到进一步解决,使联邦学习系统更加高效、公平和可靠。

第 2 章

联邦学习与隐私安全

作为联邦学习诞生的动机，隐私安全是联邦学习研究中的核心话题，联邦学习面临哪些隐私安全威胁，以及如何设计保障数据隐私和模型安全的联邦学习系统，是本章重点介绍的内容。

2.1 隐私安全问题定义

2.1.1 机器学习隐私问题与安全问题

随着机器学习技术的迅猛发展，涌现出越来越多的应用场景，如医疗诊断、金融预测、社交媒体分析等，这些应用在提升效率和智能化水平的同时，也引发了关于隐私和安全的广泛关注。机器学习系统处理大量个人数据，因此在隐私保护和安全性方面面临着严峻的挑战。本节将介绍机器学习中的隐私保护与安全问题，分析其面临的威胁和可行的解决方案。

1. 隐私保护机器学习

隐私保护机器学习主要关注机器学习系统在处理数据时的隐私性和可信度。在许多应用中，数据的隐私是至关重要的，尤其是在医疗、金融和社交媒体等领域。用户的数据通常包含敏感信息，因此保护这些数据不被泄露或滥用是一个重要课题。

在隐私保护机器学习中，通常假设对手是半诚实的。意味着这些对手会遵循协议的规定，但会试图从中获取尽可能多的信息。在这种情况下，虽然对手不会故意破坏系统，但他们可能会通过分析数据或模型输出，试图推测出用户的隐私信息。例如，在医疗领域，如果一个模型用于预测某种疾病的发生，对手可能会试图通过观察模型的输出反推特定患者的健康状况。这种风险促使研究人员在设计机器学习系统时必须考虑确保数据的隐私性。

为了解决隐私保护问题，研究人员提出了多种隐私保护技术，主要有以下三种代表性技术：

（1）差分隐私：这是一种强有力的隐私保护技术，它通过对查询结果添加噪声来保护个体信息。差分隐私确保即使在数据集中删除某个个体，其对整体分析结果的影响也不会显著，从而保护个体的隐私。这种方法广泛应用于各种数据发布和数据分析场景。

（2）同态加密：同态加密允许在加密数据上进行计算，而计算结果仍然是加密的。这意味着数据可以在不被解密的情况下进行处理，保护数据的隐私性。这种技术在云计算场景中尤为重要，因为用户可以将数据上传到云端，进行安全的计算，而无须担心数据泄露。

（3）安全多方计算：该技术允许多个参与方共同计算一个函数，同时保留各自的数据隐私。通过安全协议，参与方可以在不暴露自己数据的情况下得到计算结果。这种方法在金融和医疗领域的联合数据分析中得到了广泛应用。

2. 安全机器学习

安全机器学习关注于机器学习系统的完整性和可用性。在这一领域，假设对手通常是恶意的，即对手会试图破坏系统、操控数据或模型，以达到其目的。

在面对恶意攻击时，机器学习系统必须具备抵御各种攻击的能力。这些攻击包括：

（1）数据中毒：攻击者通过向训练数据中注入恶意样本来影响模型的学习过程。这种情况可能导致模型的性能下降，甚至使模型输出错误的预测结果。例如，在图像分类任务中，攻击者可以在训练集中插入一些带有特定标签的图像，以此使模型对某些类别的识别能力降低。

（2）模型窃取：恶意用户可能试图通过查询模型的输出重建模型的结构和参数，从而获取商用模型的知识产权。这种攻击方式通常在模型作为服务提供时更加突出，攻击者通过应用程序编程接口（API）频繁查询模型，逐步推测出模型的内部逻辑。

（3）对抗性攻击：攻击者可以生成对抗样本，这些样本在输入时对模型的决策产生误导。对抗性攻击的存在使得机器学习模型在实际应用中变得脆弱。研究表明，许多深度学习模型对对抗样本极其敏感，这使得它们在安全应用中面临重大风险。

（4）后门攻击：攻击者在模型训练过程中植入后门，使得模型在特定条件下产生预期的错误输出。后门攻击通常难以发现，因为模型在正常情况下表现良好，但在特定触发条件下会产生恶意行为。

2.1.2　攻击与防护对象

在机器学习的应用和研究中，随着数据和模型的不断增加，攻击与防护的对象也越发复杂。为了有效应对攻击，理解和明确这些对象是至关重要的。本节将详细探讨以下三大主要攻击与防护对象。

（1）数据隐私：指在机器学习过程中保护用户数据不被未经授权访问或泄露的能力。随着数据收集的增多，尤其是在涉及个人敏感信息（如医疗记录、金融数据和社交媒体活动）的情况下，确保数据隐私显得尤为重要。主要攻击方式有推断攻击、数据泄露等。

（2）模型效能：指机器学习模型在特定任务中的表现和有效性。一个模型即便在隐私和安全性上表现良好，如果其效能不足，仍然无法满足实际应用的需求。主要攻击方式有后门攻击、数据污染等。

（3）模型版权：其关注的是机器学习模型的知识产权保护。随着模型开发和应用的增加，保护模型的版权和商业利益成为一个重要课题。主要攻击方式有模型窃取、未经授权的复制、版权侵犯等。

2.2 联邦学习隐私安全威胁

联邦学习作为一种经典的隐私保护机器学习范式，能够在不泄露各个参与方隐私数据的前提下，联合训练一个高效能的机器学习模型。然而，也面临着多种隐私安全攻击的威胁。

2.2.1 面向数据隐私的威胁攻击

1. 梯度反转攻击

在联邦学习训练过程中，模型梯度（或参数）在客户端和服务器之间进行传输，梯度反转攻击（Gradient Inversion Attack，GIA）的目标即从这些传输的模型梯度中重建或恢复客户端的隐私信息。

文献 [24] 提出了从梯度中窃取隐私数据的方法（Deep Leakage from Gradients，DLG)，其核心思想是构造并优化一个模拟数据样本，使得基于该样本计算的梯度和真实的梯度尽可能相似，最终得到的模拟样本能够接近真实的隐私数据，数据恢复效果如图 2.1 所示。该方案提供了一种有效的梯度反转方案，但容易出现收敛和标签一致性的问题，并且攻击需要训练批次较小等条件，在真实联邦学习场景下应用效果也有待考量。

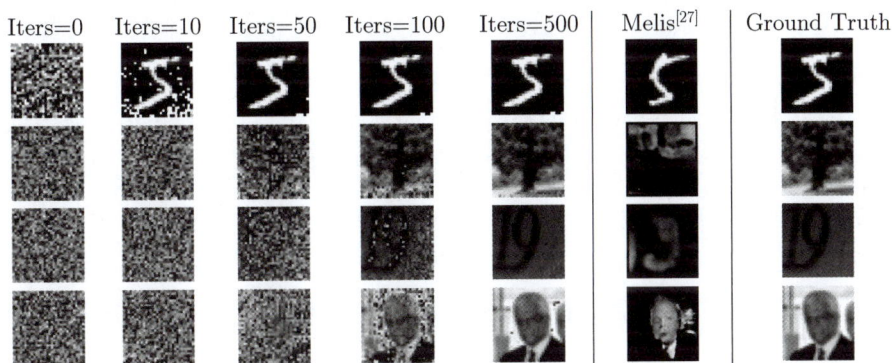

图 2.1 梯度泄露攻击效果示意

Geiping 等 [23] 提出通过将损失函数设置为与总变差（TV）范数的余弦相似度，利用反梯度恢复原始输入图像。与 DLG/iDLG（改进的 DLG）相比，即使在深度和非光滑模型上，这种基于反梯度的方法也表现良好。

此外，Wang 等 [37] 提出了自适应梯度隐私攻击（Self-Adaptive Privacy Attack from Gradients，SAPAG），将距离度量设置为基于梯度差的高斯核。Zhu 和 Blaschko [38] 提出了 R-GAP，它提供了一个递归过程来从梯度中恢复数据。

以上攻击的场景主要聚焦于横向联邦学习。针对纵向联邦学习，Jin 等 [39] 提出了纵向联邦学习中的灾难性数据泄露（catastrophic data leakage in vertical federated learning，CAFE），在纵向联邦学习设置下进行大规模数据泄露攻击，提高了数据恢复质量。

2. 成员推理攻击

成员推理攻击（Membership inference attack）的目标是获知一个特定样本是否被用于训练目标模型。

根据攻击者可获得的信息，成员推理攻击可分为白盒攻击（攻击者可以访问整个模型 [40,41]）和黑盒攻击（攻击者只能获得模型的输出预测 [42-49]）。

攻击者的第一步是选择能够有效捕获样本成员身份信息的度量特征。攻击者根据成员和非成员样本之间这些度量特征的差异，可以识别给定样本的成员身份。在白盒攻击中，研究人员已将损失值等技术用作度量特征 [40,41]，探索了基于对数或后验预测的成员推理攻击 [42,43]，已将梯度范数用作度量特征 [40,41]。

最先进的成员推理攻击方法的一个例子是似然比攻击（LiRA）[50]，它已成功推断出具有低误报率的成员身份。在 LiRA 中，攻击者训练许多与目标攻击模型相似的影子模型 [42]，以估计目标模型对成员和非成员样本的输出的高斯分布。然后，攻击者通过估计的分布采用参数似然比检验来推断特定样本的成员资格。

在联邦学习的背景下，Nasr 等 [40] 首先分析了联邦学习中的成员资格推断攻击，并提出了被动和主动攻击。在被动攻击中，攻击者仅专注于根据可访问的信息获取成员资格泄露，而不会破坏或损害正常的训练过程。主动攻击涉及修改联邦学习更新的能力，从而增加了训练模型受到攻击的脆弱性。Zari 等 [51] 提出了一种针对联邦学习的成员资格推断攻击，该攻击利用不同时期局部模型下正确标签的概率进行推断。但这种方法需要成员样本进行辅助攻击。Li 等 [52] 提出了一种不需要成员样本训练的被动成员推断攻击。他们设计了两个基于梯度正交性的度量特征来区分样本是否为成员。

3. 模型反转攻击

模型反转攻击（Model Inversion Attacks）的核心目标是通过逆向工程手段，从已训练模型中重构特定类别的数据特征分布。在集中式训练场景中，Fredrikson 等开创性地提出基于置信度优化的模型反转攻击方法[53]，并成功从药物遗传学模型中推断出了患者的基因型。文献 [54] 揭示了在医疗诊断、面部识别等隐私敏感场景中，攻击者通过分析决策树分类置信度或神经网络输出分布，能够逆向推断出个体基因组特征甚至重构可识别人脸图像。

针对联邦学习的模型反转攻击已经在文献 [55] 中被 Hitaj 等提出，该方案基于生成式对抗网络，主要技术路径包括：①对抗式梯度操控：攻击方通过分析联邦聚合算法过程中的模型更新 ΔW，训练生成器 G 生成原型样本，判别器 D 通过真实数据分布与生成样本的对抗训练不断优化。②动态反馈攻击：恶意参与方主动注入特定模式的错误样本（如含对抗性扰动的语音指令），诱导受害者模型更新时暴露更精细的梯度信息。实验表明，这种"提问—反馈"机制可使 MNIST 数据集的像素级重构精度大幅提升。

4. 属性推理攻击

属性推理攻击（Property Inference Attack，PIA）即使模型任务与提取的信息完全独立，对手也可以推断出有关输入属性的信息，如生成数据的环境。一些研究方法侧重于提取训练集的全局属性[56,57]，而最近的方法侧重于提取子群体属性[58]。全局属性包括训练数据集中不同类别的分布。例如，经过训练以对笑脸进行分类的神经网络可能会泄露训练集中个体的相对吸引力。Ganju 等[57] 提出了另一个全局属性推断示例，他们证明模型可以帮助攻击者识别收集训练日志的机器是否存在两个重要漏洞，这可能使攻击者利用这些漏洞非法获取比特币。子群体属性则指特定样本在训练数据中的属性。例如，在对医学评论进行分类的模型中，对手能够推断出样本来自哪个医学专业。

2.2.2 面向模型安全的威胁攻击

除了窃取隐私信息外，攻击者也可能将模型安全作为攻击目标，根据攻击者目标的不同，可以将此类攻击分为后门攻击和模型性能安全攻击。

1. 后门攻击

后门攻击（Backdoor Attacks）目标是使得模型在某些特定样本（后门样本）

上表现失常，而在其他样本上维持原来正常表现。此类攻击往往需要对后门样本做预处理，并需要调整训练算法以实现攻击目标。以图像分类为例，攻击者希望模型将具有特定图案的图像错误分类到攻击者选择的类别[59]，同时不影响主要任务。

Bagdasaryan 等[59]利用模型替换方法使后门攻击更加持久。Xie 等[60]进一步引入了分布式后门攻击，将全局后门触发器分解为多个局部模式，每个局部模式嵌入不同恶意客户端的训练数据集中。Huang[61]讨论了如何在动态环境下实现后门攻击。

2. 模型性能安全攻击

与后门攻击不同，模型性能安全攻击的目标是全面地破坏模型性能，使得模型难以正常使用。

一种攻击方式是数据污染，这是一种经典的方式。Feng 等[62]提出的 Deep-Confuse 框架，使用自动编码器将不可察觉的噪声添加到训练数据中，再将污染的数据投入模型训练过程中，使得模型对干净的数据产生错误的输出。

另一种攻击方式是拜占庭攻击。在联邦学习框架中，拜占庭攻击由设备在复杂计算或通信过程中软/硬件问题出现的数据计算错误导致，或由恶意客户端主动共享错误信息导致（例如，生成恶意梯度，使其方向同正常模型梯度方向相反，最终将影响模型的收敛方向，使模型训练失败）。Hu 等[63]提出了权重攻击，其核心思想是在执行模型聚合时谎报攻击者的数据集大小，从而改变模型权重。Fang 等[64]提出了本地模型中毒攻击，在训练过程中操纵从受感染设备上传到中央服务器的本地模型。

2.2.3　面向模型版权的威胁攻击

随着硬件计算能力的显著提高、海量数据的积累以及深度神经网络（Deep Neural Network，DNN）的突破性进展，人工智能技术在近些年飞速发展，机器学习模型越来越广泛而深入地应用于自动驾驶、监控系统、生物医学等关键场景中。好的机器学习模型往往需要投入大量的数据资源和计算资源[65]，对模型构建者是一种重要的知识产权。此外，亚马逊、谷歌、微软、阿里等云服务商依靠自身的计算和存储资源优势开展了新型的业务——机器学习即服务（ML-as-a-service，MLaaS）。服务商将构建好的模型部署在云服务器中，向用户提供基于云模型的付费查询接口，用户可以使用接口获得模型对输入实例的预测结果。

相关研究[66-69]表明，攻击者可以通过暴露的查询接口对模型进行窃取，即使攻击者对模型的访问被限制在黑盒场景下，仍然可以复制出接口后的模型。攻击者使用专门设计的样本迭代使用目标模型的接口进行查询，通过模型返回的预测结果最大化地提取关于模型内部的信息，利用这些信息构建出一个替代模型，从而完成目标模型的功能窃取。

假设目标原始模型为 M，其查询接口为 F，对手想学习一个替代模型 M' 来模仿 M 的行为，M' 的查询接口为 F'，对手使用 F 的最大查询预算次数为 b，则模型窃取过程如下：

（1）创建初始数据。对手根据自己的能力创建未标记标签的初始数据集 U，假设已知模型的输入形状，对手将 U 中所有的样本都输入模型 M 进行查询，得到返回结果 $F(U)$，由此组成初始数据集 $D = \{U, F(U)\}$。

（2）选择结构和超参数。对手选择模型 M' 的结构和超参数 h，并使用 D 对 M' 进行训练，在训练过程中多次迭代步骤（3）自适应更新数据集。

（3）自适应更新数据集。对手在训练过程中，使用已知的知识 D 和 F' 合成新的自适应样本，并将其添加到 U 中作为新的数据集参与训练，从而拓宽输入数据的空间覆盖范围，获得更贴近原始模型的替代模型。这一过程持续到查询预算次数 b 被耗尽。

以上过程最终输出模拟 M 行为的替代模型 M' 和其查询接口 F'。

目前，模型窃取大致可分为直接提取、基于学习的模型窃取和基于 Meta-model 的模型窃取三类，本节将详细分析各类方案的原理和特点。

1. 直接提取

直接提取方案能够准确窃取模型的权重、偏置等参数信息，生成的替代模型 M' 可以对受害者模型 M 达到随机一致性再现的程度；但这种窃取方式通用性较低，需要提前获知模型的结构，并且无法窃取大规模的高复杂模型。

以经典的逻辑回归模型 M 为例：

$$f(\boldsymbol{x}) = \sigma(\boldsymbol{w} \cdot \boldsymbol{x} + \beta) \tag{2.1}$$

式中

$$\sigma(t) = \frac{1}{1 + \mathrm{e}^{-t}}, \ \boldsymbol{w} \in \mathbb{R}^d, \ \beta \in \mathbb{R}$$

对于实施模型窃取的对手来说，他的目标是 d 维的模型权重 $\boldsymbol{w}$ 和一维的偏置 β，从理论上讲，对手只需要获得 $d+1$ 组线性无关的关于 $\boldsymbol{w}$ 和 β 的方程，即可构造公式求解出 $\boldsymbol{w}$ 和 β。因此，对手使用接口 F 进行查询，取得 $d+1$ 组线性无关的结果

$$\boldsymbol{D} = \{(x_0, F(x_0)), (x_1, F(x_1)), \cdots, (x_d, F(x_d))\}$$

随后构造方程

$$
\begin{cases}
w_0 x_0 + \beta = \sigma^{-1}(F(x_0)) \\
w_1 x_1 + \beta = \sigma^{-1}(F(x_1)) \\
w_2 x_2 + \beta = \sigma^{-1}(F(x_2)) \\
\quad\vdots \\
w_d x_d + \beta = \sigma^{-1}(F(x_d))
\end{cases}
\Longrightarrow
\begin{cases}
w_0 \\
w_1 \\
w_2 \\
\vdots \\
w_d \\
\beta
\end{cases}
\tag{2.2}
$$

即可求解出 $\boldsymbol{w}$ 和 β。

2. 基于学习的模型窃取

与直接提取方案的思路不同，基于学习的窃取是通过重复查询所得的数据训练替代模型完成窃取，不需要获知模型的结构，并且可以窃取更为复杂的模型。每次训练的主要步骤如下：

（1）在无标签公共数据集 $\boldsymbol{X}$ 选取一组数据集 $\boldsymbol{U}$；

（2）利用目标模型 $\boldsymbol{M}$ 查询其对 $\boldsymbol{U}$ 的预测结果 $F(\boldsymbol{U})$，并使用 $\boldsymbol{U}$，$F(\boldsymbol{U})$ 训练替代模型 $\boldsymbol{M}'$；

（3）根据自适应更新数据集的策略，选取下一次迭代的数据集 $\boldsymbol{U}'$。

自适应更新策略主要有以下类别：

（1）随机选取策略：从公共数据集 $\boldsymbol{X}$ 中随机选取下一组数据进行训练。

（2）不确定性策略：设置损失函数

$$
\mathcal{H}_n = -\sum_{j}^{n} y'_{n,j} \log y'_{n,j}
\tag{2.3}
$$

式中：$y'_{n,j}$ 为拥有 n 类预测类别的替代模型 $\boldsymbol{M}'$ 的预测样本为第 j 类的概率。

$\mathcal{H}_n$ 越小，意味着替代模型 $\boldsymbol{M}'$ 的预测效果越好。

（3）K 中心策略：该策略的目标函数为

$$
\mathcal{G} = \arg \max_{(x_n, y'_n) \in \boldsymbol{D}'_i} \min_{(x_m, y'_m) \in \boldsymbol{D}_{i-1}} ||y'_n - F'(x1_m)||_2^2
\tag{2.4}
$$

式中：$\boldsymbol{D}_{i-1}$ 为替代模型上一轮使用过的数据集；$\boldsymbol{D}'_i$ 为未使用过的数据。

该目标函数用于找出和上一轮最不相似的数据集，供下一轮训练使用。

（4）DAFL（DeepFool based Active Learning）策略：设 x_n 为添加扰动前的

数据，x'_n 为扰动后的数据，DAAFL 策略使用扰动导致替代模型 M' 错误分类，且扰动 α_n 最小的数据集作为下一轮数据集，即选择 x_n 使得

$$F'(x_n) \neq F'(x'_n) \tag{2.5}$$

并且

$$\min \|x_n - F'(x'_n)\|_2^2 \tag{2.6}$$

该策略用于找出最靠近决策边界的数据集，并使用其扰动之前的可以正确被分类的数据作为下次训练的输入。

3. 基于 Meta-model 的模型窃取

模型窃取往往在黑盒场景下进行，对手无法获知模型的内部信息和训练信息，将这些关键信息称为"模型属性"信息，具体包括模型结构（如神经网络模型非线性层的类型是 ReLU 函数，还是 Sigmod 函数）、优化方式（如优化器选择随机梯度下降（SGD）算法，还是自适应矩估计（ADAM）算法）和训练数据（如使用哪一数据集）。模型属性的未知性给对手窃取模型带来了很大的阻碍。针对这一阻碍，有学者[70] 提出了基于 Meta-model 的模型窃取方案，其主要思想是使用从受害者模型获取的数据对训练一个 Meta-model 用于预测目标模型的属性信息。Meta-model 的输入为 n 个查询样本 $[x^i]_{i=1}^n$ 和目标模型的对其的预测值 $[f(x^i)]_{i=1}^n$，输出为对目标模型相关属性的预测结果，如激活函数类型、网络层数等，简而言之，它是"分类器的分类器"。此外，Meta-model 除了以模型属性为学习目标之外，它还会尽可能多地从目标模型提取出各种有用的信息。

方案一：固定查询输入。从一个数据集中选择固定的查询集 $[x^i]_{i=1}^n$，在训练和测试时都使用这些样本集。使用目标模型的对 $[x^i]_{i=1}^n$ 进行查询，得到 $[f(x^i)]_{i=1}^n$。使用如下目标训练 Meta-model m_θ：

$$\min_\theta \mathop{\mathbb{E}}_{f \sim \mathcal{F}} \Big[\sum_{a=1}^{k} \mathcal{L}(m_\theta^a([f(x^i)]_{i=1}^n), y^a) \Big] \tag{2.7}$$

式中：$\mathcal{F}$ 为 Meta-training 模型的函数分布；y^a 为属性 a 的真实标签；$\mathcal{L}$ 为交叉熵损失函数；k 为属性总数；θ 为训练参数；$m_\theta^a([f(x^i)]_{i=1}^n)$ 为目标模型属性 a 的预测值。

只要模型的输出可以嵌入一个欧几里得空间，无论该模型有何种输出结构，是

何种类型，都可以对其使用该窃取方法。但该方法对于输入查询集不够敏感，且数据集越大这一问题越突出。方案二采用主动构造查询输入的方式避免了这一问题。

方案二：构建查询输入。本方案通过构建单个查询输入 x 并获取目标模型对其预测值 $f(x)$ 来训练 Meta-model，构建的 x 使 Meta-model 能够从预测值中窃取模型的内部信息，例如 x 可以使得含有最大池化层的基于 MNIST 手写数字识别模型的预测结果为"1"，使得不含最大池化层的预测结果为"0"。本方案的训练目标如下：

$$\min_{x:\text{image}} \mathbb{E}_{f\sim\mathcal{F}}\left[\mathcal{L}(f(x), y^a)\right] \tag{2.8}$$

式中：$x:\text{image}$ 表示 x 是一个图像输入。

该目标的训练和优化与一般手写数字识别分类器的优化相似，不同之处在于标签是模型属性标签而非数字标签，损失的衡量是对模型而非图像，优化的是 x 而非函数 $f(x)$。当 x 优化完成后，目标模型 M 的属性被其接口查询值 $F(x)$ 预测。

2.3　联邦学习隐私安全保护方法

2.3.1　差分隐私

差分隐私[71] 是一种数学框架设计，旨在为函数计算中使用的单个记录提供严格的信息披露衡量标准。当且仅当在训练数据中包含单个样本仅导致算法输出发生统计上不显著的变化时，训练算法才被描述为差分隐私。

差分隐私技术可以使用随机噪声淹没原始数据，使得攻击者无法从数据库中逆向获取原始数据。其主要实现方式是在结果集中添加噪声，以解决单个查询的隐私保护问题。差分隐私具有严谨的数据理论，其本质是对计算结果而非计算过程的保护。差分隐私具有严格独立于背景知识的隐私保护模型，理论上可以抵御任何攻击。

定义 2.1 ((ϵ,δ)-差分隐私)：设 $\mathcal{M}$ 为随机算法，对于最多相差一个元素的任何两个数据集 D 和 D'，以及 $\mathcal{M}$ 输出范围的任何子集 S，若满足以下条件，则 $\mathcal{M}$ 满足 (ϵ,δ)-差分隐私：

$$\Pr[\mathcal{M}(D) \in S] \leqslant \exp(\epsilon)\Pr[\mathcal{M}(D') \in S] + \delta \tag{2.9}$$

式中：ϵ 为隐私预算；δ 为机制无法提供隐私保护的概率。(ϵ,δ) 越小，隐私保护级别越高。

在联邦学习中主要考虑客户端级差分隐私，这确保对手无法区分目标客户端是否存在于数据集中。正式的客户端级差分隐私定义如下：

定义 2.2 (客户端级 (ϵ, δ)-差分隐私)： 给定隐私参数 $\epsilon > 0$ 和 $0 \leqslant \delta < 1$，对于通过添加或删除客户端的所有记录构建的任何两个相邻数据集 D 和 D'，以及任何输出子集 $\mathcal{O} \subseteq \mathrm{range}(\mathcal{M})$，若随机机制 $\mathcal{M}$ 满足 (ϵ, δ)-差分隐私，有

$$\Pr[\mathcal{M}(D) \in \mathcal{O}] \leqslant e^{\epsilon} \Pr[\mathcal{M}(D') \in \mathcal{O}] + \delta \tag{2.10}$$

当 $\delta = 0$ 时，有 ϵ-差分隐私。

较小的参数 ϵ 提供更强的隐私保证，但通常会导致较低的效用。δ 通常设置为较小的值，代表不等式失败的概率。客户端级差分隐私旨在保护任何客户端参与的隐私不受聚合模型更新的影响。因此，无论客户端是否选择参与，确保本地更新保持相似至关重要。

在联邦学习场景中，差分隐私主要有本地差分隐私和全局差分隐私两种应用方式。本地差分隐私[72,73]适用于各方不信任聚合器的设置。因此，每一方都会在将模型更新发送到不受信任的聚合器之前独立地向模型更新添加噪声。这种方法的缺点是噪声量通常会导致模型性能不佳。当可以信任聚合器将差分隐私噪声添加到模型中时，全局差分隐私更加适用。与本地差分隐私相比，全局差分隐私可确保添加更少的噪声，从而提高模型性能。

2.3.2 安全多方计算

安全多方计算起源于 1982 年姚期智的百万富翁问题[74]，主要用于保护参与合作的各方的输入数据。在 SMPC 问题中，一组 n 个参与方，每个参与方都持有一个私有输入，需要联合获取函数 f 的输出，同时确保：协议终止时，所有各方都已获悉 f 的正确输出；除了输出中显示的信息外，任何一方都不会获悉有关其他方输入的任何信息。

在此过程中，各方之间的敏感数据通过加密得到保护。各方除了输入和输出之外一无所知。在整个计算过程中，各方始终对自己的数据拥有绝对控制权。

在安全多方计算的相关研究中，最先进的安全多方计算框架之一是 Sharemind[75]，这是一个安全多方计算系统，允许用户在看不到数据的情况下处理数据。随着对隐私计算的各种研究，安全多方计算技术日趋成熟。文献 [76] 提出了一种基于轻量级加密的安全多方计算技术的鲁棒可逆图像水印方案，并且基于比特

预测误差扩展（PEE）的方案由安全多方计算保证。文献 [77] 提出了一种基于比特预测误差扩展的方案。随着联邦学习的发展，安全多方计算得到了改进并迁移到联邦系统中，通过加密参数来保护敏感数据。Bonawitz 等 [78] 构建了一个隐私保护的联邦框架，其中安全多方计算可以安全地聚合客户端的参数，并且对客户端退出具有鲁棒性。文献 [79] 提出了一种非交互式可验证的隐私保护联邦模型，并提出了一种使用随机矩阵编码和安全两方计算的新型隐私梯度聚合方案。虽然安全多方计算在联邦学习过程中涉及多个交互会导致巨大的通信成本，但相比于针对数据的加密技术仍然具有计算开销上的优势。

2.3.3 同态加密

在介绍同态加密前，首先介绍一些数学和密码学的基础概念。

群 $\mathcal{G}$ 是对其元素具有运算"$\diamond$"的集合，该集合①是封闭的，②具有恒等式，③是结合的，④每个元素都有逆。群可用 $(\mathcal{G}, \diamond)$ 表示。如果群内元素运算满足交换律，那么该群称为阿贝尔群。

环 $\mathcal{R}$ 是具有运算"$+$"和"$\times$"的集合，它满足①对加法是阿贝尔群，②对乘法封闭，③对乘法结合，④具有乘法恒等式，⑤乘法和加法满足分配律。此外，如果乘法是可交换的，那么 $\mathcal{R}$ 也是可交换的。环表示为 $(\mathcal{R}, +, \times)$。

群同态是从群 $(\mathcal{G}, \diamond)$ 到群 $(\mathcal{H}, \circ)$ 的映射 $f : \mathcal{G} \to \mathcal{H}$，且群运算得以保留，即对于所有 $g_1, g_2 \in \mathcal{G}$：

$$f(g_1 \diamond g_2) = f(g_1) \circ f(g_2) \tag{2.11}$$

这个概念对于环也适用。

同态加密（Homomorphic Encryption，HE）是一种满足上述同态运算性质的加密算法，即允许用户直接对密文进行特定的代数运算，经过相同运算后密文计算结果与明文加密结果相同。高效的同态加密算法的设计需要一些基于数学计算复杂性理论的密码学知识。它可分为部分同态加密（Partially Homomorphic Encryption，PHE）和全同态加密（Fully Homomorphic Encryption，FHE），具体取决于可对加密数据进行运算的类型。若同态加密算法支持部分密文计算（如仅支持加法或有限数量的乘法），则称为部分同态加密（或称为半同态加密）。若同态加密算法支持任何形式的密文计算，则称为全同态加密 [80]。值得注意的是，在使用同态加密技术进行计算时，操作者都需要共享相同的加密密钥和相同的解密密钥。

由于联邦学习中的大多数聚合函数都需要唯一的加法运算，因此这些密码系统是联邦学习的流行选择 [81,82]。其一般思路是，在模型训练之前，所有各方都共同拥有一个公钥/私钥对（pk，sk），聚合器收到一个公共加密密钥 pk。各方使用 pk 加密他们的模型梯度或参数，再将其发送给服务器聚合。一旦服务器收到所有加密的模型信息，就会使用其公钥 pk 计算模型更新的加法，从而获得加密结果。然后将加密结果转发给各方，各方又使用 sk 解密它们并以明文形式继续训练。如此迭代，直到模型收敛训练结束。同态加密方法本身能够阻止好奇的服务器从更新过程和最终模型推断隐私数据，因为服务器只能看到加密的信息，但是难以抵御客户端侧发起的攻击。

2.3.4 模型版权保护技术

训练一个良好的机器学习模型，尤其是深度学习模型，需要高昂的成本，主要因为①模型训练需要专业的模型设计、高昂的专用硬件和长久的计算时间[83]；②模型性能的提升需要海量的训练数据，并且提升效果通常随着数据量的增加而单调增加[84-86]。因此，一个训练良好的机器学习模型具有较高的价值，对模型所有者来说是需要重点保护的知识产权。而近些年的研究[87-89]发现，即使攻击者无法获取模型的结构和参数等内部信息，也可以通过模型对外服务的 API 完成模型窃取，复制出一个与受害模型性能相近的替代模型。

受传统数字水印的启发，Uchida 等[90]提出了模型水印方案来保护模型所有者的知识产权，并逐渐发展成为模型版权保护的主流方案。在模型水印方案中，"水印"作为模型所有者的版权凭证被嵌入模型中，一旦攻击者窃取该模型并复制出一个替代模型，之前嵌入的水印也会蕴含在该替代模型中，模型所有者可以通过从替代模型中提取出嵌入的水印来证明对模型的所有权。经过多年的研究发展，水印方案逐渐发展为基于特征的白盒水印[90-92]和基于后门的黑盒水印两大类别[93-95]。前者在验证版权时需要获得模型参数，即白盒访问权限；后者需要使用基于模型后门设计的触发集来提取水印，在黑盒权限下即可进行版权验证。Fan 等[30]在 *Digital Watermarking for Machine Learning Model* 一书中详细阐述了对图像处理模型、强化学习模型等多种机器学习模型的版权保护技术，以及水印技术在数据产权保护等领域的应用方案[96]，感兴趣的读者可以进一步阅读学习。

关于联邦学习模型的版权保护，Tekgul 等[97]提出了 WAFFLE，该方案基于黑盒模型水印设计，在中心服务器执行聚合之后，重训练全局模型以嵌入黑盒水印的触发集。Liu 等[98]也提出了一种基于后门的方案，其中客户端负责在同态加密的联邦学习框架中嵌入水印。具有代表性的解决方案是 FedIPR[99]，它基于带护照层的 DeepIPR[100]方案，允许每个客户端将自己的水印嵌入模型中，并结合白盒水印和黑盒水印提出了交叉叠加的验证方式，从而保障每个参与方的模型所有权。

本节在广泛参考上述研究工作的基础上，根据各项代表性研究工作的系统模型和技术原理，将模型版权保护技术的系统模型、系统定义、系统目标与具体方案总结如下：

1. 系统模型

一个完整的模型版权保护系统包括如下实体。

（1）版权求证者 P：模型的所有者，拥有对模型的版权，在发现可疑模型之后，希望通过拥有的隐私的版权凭证信息（如水印）证明对模型的所有权。

（2）版权验证者 V：一般为可信的第三方权威机构，接受求证者 P 的版权验证请求，提取可疑模型的水印和求证者拥有的水印进行匹配，以判断求证者是否对该可疑模型拥有所有权，即该模型是否由偷窃而来。

（3）攻击者 A：窃取模型所有者的模型，发布替代模型，并对其进行水印移除攻击，包括 Fine-tuning 和 Pruning 等模型参数修改方式。攻击者希望通过这些修改来破坏水印的完整度，使得提取出来的水印无法用于版权验证。

2. 系统定义

对于可疑模型 N，一个基于模型水印的版权保护系统可以定义为 $\mathcal{S} = (\mathcal{K}, \mathcal{E}, \mathcal{V})$，其中：

（1）参数生成过程 $\mathcal{K}() \to (\boldsymbol{B}, \theta, \boldsymbol{T})$：主要用于生成白盒或黑盒水印相关的参数，包括白盒的目标水印 $\boldsymbol{B}$，黑盒水印的蕴含水印的触发集 $\boldsymbol{T}$，以及水印嵌入参数 $\theta = \{\mathcal{P}, \boldsymbol{E}\}$。

注：$(\boldsymbol{B}, \theta, \boldsymbol{T})$ 是模型所有者拥有的版权凭证信息，应当保持隐秘，一旦泄露给对手，对手也可以凭借这些信息完成版权验证。水印嵌入参数 θ 中，$\mathcal{P}$ 是水印嵌入位置，$\boldsymbol{E}$ 为水印嵌入矩阵。

（2）水印嵌入过程 $\mathcal{E}()$：通过在模型的损失函数 L 中添加以嵌入水印为目标的正则项 $L_{\boldsymbol{B}}$（见式(2.12)）或 $L_{\boldsymbol{T}}$（见式(2.13)）完成水印嵌入。

$$L = L_D(f(\boldsymbol{W}, \boldsymbol{X}_d), \boldsymbol{Y}_d) + \lambda L_{\boldsymbol{B}}(\text{sgn}(\boldsymbol{E}\boldsymbol{W}_t), \boldsymbol{B}) \tag{2.12}$$

式中：L_D 为模型性能任务；$\boldsymbol{X}_d$ 为模型训练所用的数据集；$\boldsymbol{Y}_d$ 为 $\boldsymbol{X}_d$ 的标签，$f(\bullet)$ 为模型推理结果；$\text{sgn}(\bullet)$ 为符号函数（见式(2.17)）；$\boldsymbol{W}_t$ 为被嵌入水印的目标参数；

λ 为 L_B 的权重参数。

$$L = L_D(f(\boldsymbol{W}, \boldsymbol{X}_d), \boldsymbol{Y}_d) + \lambda L_T(\boldsymbol{X}_T, \boldsymbol{Y}_T) \tag{2.13}$$

式中：$\boldsymbol{X}_T$ 为黑盒水印所用的触发集；$\boldsymbol{Y}_T$ 为触发集对应的标签；λ 为 L_T 的权重参数。

（3）版权验证过程 $\mathcal{V}() \to \{\text{True}, \text{False}\}$：用于检验求证者是否拥有对可疑模型的所有权。具体分为白盒验证和黑盒验证两种。

白盒验证 $\mathcal{V}_B$ 使用从可疑模型提取出的水印 $\boldsymbol{B}' = \text{sgn}(\boldsymbol{E}\boldsymbol{W}_t)$（见式(2.17)）和原始水印 $\boldsymbol{B}$ 之间的相似度作为版权验证的标准。具体验证方式如下：

$$\mathcal{V}_B(\boldsymbol{W}_t, (\boldsymbol{B}, \theta)) = \begin{cases} \text{True}, & H(\boldsymbol{B}, \boldsymbol{B}') \leqslant \epsilon_B \\ \text{False}, & \text{其他} \end{cases} \tag{2.14}$$

式中：$H(\boldsymbol{B}, \boldsymbol{B}')$ 为 $\boldsymbol{B}$ 和 $\boldsymbol{B}'$ 之间的汉明距离。

黑盒验证 $\mathcal{V}_T$ 使用可疑模型对触发集样本 $\boldsymbol{X}_T$ 的预测结果 $\mathbb{N}(\boldsymbol{X}_T)$ 和原标签 $\boldsymbol{Y}_T$ 之间的误差来判断求证者是否对模型拥有版权。具体验证方式如下：

$$\mathcal{V}_T(\mathbb{N}, (\boldsymbol{B}, \theta)) = \begin{cases} \text{True}, & \mathbb{E}_T(\mathbb{I}(\boldsymbol{Y}_T)) \leqslant \epsilon_T \\ \text{False}, & \text{其他} \end{cases} \tag{2.15}$$

式中：$\mathbb{I}$ 为指标函数；$\mathbb{E}$ 为期望函数。

3. 系统目标

一个良好的模型水印版权保护系统应满足如下特性：

（1）保真性。嵌入过程 $\mathcal{W}$ 应尽可能少地影响模型性能。由于嵌入水印是随着模型训练一并进行的，水印嵌入项 L_B 或 L_T 作为模型训练的次要任务，模型性能项 L_D 作为模型训练的主要任务，因此水印的嵌入会一定程度阻碍模型性能达到最优，一个良好的水印方案应当将这种负面影响控制在尽可能小的限度内。

（2）完整性。嵌入过程 $\mathcal{W}$ 嵌入的水印应当尽可能完整地在验证过程 $\mathcal{V}$ 中被提取出来。因为版权验证的核心是比对嵌入水印 $\boldsymbol{B}$ 和提取水印 $\boldsymbol{B}'$ 之间的误差，若误差足够小，则认为该模型是属于求证者的，一旦嵌入的水印不够完整，会造成模型所有者对其所拥有的模型无法验证版权。

（3）鲁棒性。嵌入的水印 $\boldsymbol{B}$ 应当能够在各种水印移除攻击[91]下尽可能保持自身的完整度。对手可能对偷窃后的模型进行 Fine-tuning 和 Pruning 等水印移除攻击，破坏水印的完整度，使之与原来的水印误差超过能通过验证的阈值 ϵ。因此，一个良好的版权验证系统嵌入的水印应对于这些攻击具有足够好的鲁棒性。

4. 具体方案

1）基于特征的白盒水印方案

基于特征的白盒水印方案将水印嵌入模型参数中，因此验证时需要提供模型参数，这一要求限制了白盒水印的实用价值；但白盒水印应对水印攻击具有更好的鲁棒性，水印的可解释性也更强。下面详细介绍白盒水印的设计思路和原理。

（1）参数生成 $\mathcal{K}$。

模型所有者在设计模型结构之后，开始训练之前，生成自己的水印相关参数 $(\boldsymbol{B}, \boldsymbol{E}, \mathcal{P})$，其中：

$\boldsymbol{B}$ 为长度为 n 的二进制水印，$\boldsymbol{B} \in \{0,1\}^n$，它可以由一些特殊的信息转化而来，如商标图像、词汇语句等。

$\boldsymbol{E}$ 为嵌入矩阵，$\boldsymbol{E} \in \mathbb{R}^{n \times m}$，用于将水印嵌入 $\boldsymbol{W}_t$ 和水印的导出提取。

$\mathcal{P}$ 为水印的位置参数，决定了水印嵌入的位置，即目标参数 $\boldsymbol{W}_t$ 的具体内容，$\boldsymbol{W}_t$ 可以是 DNN 模型的卷积层参数[90] 或批量归一化（batch normalization，BN）层权重参数[91]，这里设 $\boldsymbol{W}_t \in \mathbb{R}^m$。

以上参数为模型版权的关键凭证信息，版权求证者 P 应当保持它们的隐秘性，并需要在版权验证过程 $\mathcal{V}$ 中将它们发送给版权验证者 V 以证明对模型的所有权。

（2）水印嵌入 $\mathcal{E}$。

将水印的嵌入看作对模型参数的二分类优化问题，设计正则化项 $L_{\boldsymbol{B}}$（见式(2.16)）添加到损失函数 L 中（见式(2.12)），随着模型的训练，$\boldsymbol{W}_t$ 会被按照模型性能目标和水印嵌入目标迭代优化。

$$
\begin{aligned}
L_{\boldsymbol{B}} &= L_{\boldsymbol{B}}(\text{sgn}(\boldsymbol{E}\boldsymbol{W}_t), \boldsymbol{B}) \\
&= L_{\boldsymbol{B}}(\boldsymbol{B}', \boldsymbol{B})
\end{aligned} \tag{2.16}
$$

式中：$\boldsymbol{B}' = \text{sgn}(\boldsymbol{E}\boldsymbol{W}_t)$，$\text{sgn}(x)$ 为

$$
\text{sgn}(x) = \begin{cases} 1, & x \geqslant 0 \\ 0, & \text{其他} \end{cases} \tag{2.17}
$$

Uchida 等 [90] 选择交叉熵函数作为损失度量方式，即

$$L_{\boldsymbol{B}}(\boldsymbol{B}', \boldsymbol{B}) = -\sum_{j=1}^{n}(b_j \log(t_j) + (1-b_j)\log(1-t_j)) \tag{2.18}$$

式中

$$\boldsymbol{B} = (b_1, b_2, \cdots, b_n), \ \boldsymbol{B}' = (t_1, t_2, \cdots, t_n)$$

Fan 等 [91] 选择类铰链损失（Hinge-like Loss，HL）作为损失度量方式，即

$$\begin{aligned} L_{\boldsymbol{B}}(\boldsymbol{B}', \boldsymbol{B}) &= \mathrm{HL}(\boldsymbol{B}', \boldsymbol{B}) \\ &= \sum_{i=1}^{n}\max(\mu - b_i t_i, 0) \end{aligned} \tag{2.19}$$

（3）版权验证 $\mathcal{V}$。

求证者向版权验证者提交 $(\boldsymbol{B}, \boldsymbol{E}, \mathcal{P})$，验证者在获取目标参数位置后，使用提取矩阵 $\boldsymbol{E}$ 导出水印 $\boldsymbol{B}' = \mathrm{sgn}(\boldsymbol{E}\boldsymbol{W}_t)$，随后使用式(2.14)判断求证者对该模型是否拥有版权。

2）基于后门的黑盒水印方案

黑盒水印方案大多利用机器学习模型的"后门"构造"触发集"（trigger set）作为水印，将后门这一模型安全缺陷巧妙利用起来，成为保护模型版权的一个重要切入点。黑盒水印需要使用较多的触发集，且基于后门这一特性也带来后门攻击的安全隐患，鲁棒性和可解释性也不如白盒水印，但不需要提供模型参数，只需要调用模型接口对触发集进行预测即可提取水印验证。

（1）参数生成 $\mathcal{K}$。

对于黑盒水印方案，模型所有者需要从初始数据 $(\boldsymbol{X}, \boldsymbol{Y})$ 根据后门构建对抗样本 (X_T, Y_T) 作为触发集 $\boldsymbol{T}$，触发集的标签 $\boldsymbol{Y_T}$ 与常规标签不同，与正常模型的分类结果常常相反，验证者根据模型对这些触发集的分类结果判断该模型的版权。因此，模型所有者也应当保持 (X_T, Y_T) 的隐秘性。

（2）水印嵌入 $\mathcal{E}$。

为了嵌入水印（触发集 $\boldsymbol{T}$），模型所有者需要在训练任务中加入触发集分类的训练任务，即在损失函数 L 中加入后门训练的损失函数 $L_{\boldsymbol{T}}$，$L_{\boldsymbol{T}}$ 由交叉熵（Cross Entropy，CE）函数构成，具体定义如下：

$$L_{\boldsymbol{T}} = \mathrm{CE}(\boldsymbol{Y_T}, \mathbb{N}(X_T)) \tag{2.20}$$

式中：$\mathbb{N}(X_T)$ 为模型对 X_T 的预测结果；$\mathrm{CE}(\cdot)$ 为交叉熵损失函数。

若 $\boldsymbol{Y_T} = \mathbb{N}(X_T)$，则 X_T 中的每个样本（水印的每一位）都被成功嵌入。

（3）版权验证 $\mathcal{V}$。

求证者 P 向版权验证者 V 提交自己的触发集 $\boldsymbol{T} = (X_T, \boldsymbol{Y_T})$，验证者 V 向可疑模型 $\mathbb{N}$ 输入 X_T，并接受模型预测的结果 $\mathbb{N}(X_T)$，之后使用式(2.15)验证求证者是否对该可疑模型拥有所有权。

第

3

章

个性化联邦学习

联邦学习能够在不泄露各个参与方数据隐私的前提下协同构建全局模型，但当参与方数据具有统计异质性和非独立同分布（Non-IID）时，全局模型的泛化能力会受到损失且难以应用于异质化的本地任务。因此，个性化联邦学习应运而生。

3.1　非独立同分布问题与个性化学习的必要性

联邦学习旨在从各个参与方的数据中学习全局模型，同时保持其本地数据的私密性并将全局模型本地化部署到各自的机器。这种全局模型的优势在于可以利用来自所有参与方的数据，因此可以更好地推广到各个参与方的测试数据。然而，在实际场景中各个参与方的数据集通常是异构的或非独立同分布的，因此一个全局模型的性能对于某些参与方来说不是最优的。另外，如果每个参与方都在其本地数据上训练本地模型，那么它们会以与测试时预期类似的数据分布进行训练；但由于本地参与方可用数据不足，可能无法推广。个性化联邦学习旨在学习一种模型，该模型具有全局模型的泛化能力，但也可以在各个参与方的特定数据分布上表现良好。

为了应对数据统计异质性和非独立同分布带来的挑战，全局模型的个性化变得必要。大多数个性化技术通常涉及两个离散步骤：一是以协作的方式构建全局模型；二是使用用户的私人数据为每个用户个性化全局模型。Jiang 等 [101] 认为，仅针对全局准确性进行优化会产生更难个性化的模型，并提出，为了使联邦学习个性化在实践中发挥作用，必须同时而不是独立地实现以下三个目标：①开发使大多数用户受益的改进的个性化模型；②开发使个性化私人数据有限的用户受益的全局模型；③在少数训练轮次中实现快速模型收敛。在每个用户端存储的本地数据样本中，可能只有一部分样本与特定任务相关，而无关样本会对模型训练产生不利影响。

文献 [102] 指出，在处理非独立同分布数据时，一般的联邦学习算法如 FedAvg 的准确性会显著下降。这一性能降低主要源于客户端漂移现象 [103]，这是在非独立同分布的本地数据分布上进行多轮训练和同步造成的。图 3.1 展示了客户端漂移对独立同分布（IID）和非独立同分布数据的影响。

在 FedAvg 中，服务器的更新过程会导致模型向客户端最优值的平均值移动。当数据为独立同分布时，平均模型能够接近全局最优值 w^*，因为它与各个客户端的局部最优值（如 w_1^* 和 w_2^*）之间的距离是相等的。然而，当数据是非独立同分布时，全局最优值 w^* 与各个局部最优值之间的距离不再相等。在图 3.1 中可以看到，w^* 更接近 w_2^*，因此，平均模型 w^{t+1} 会偏离全局最优值 w^*，导致全局模型无法收敛到真正的全局最优状态。由于 FedAvg 算法在非独立同分布数据上存在收敛问题，因此需要对超参数（如学习率衰减）进行精细调整，以提高学习过程的稳定性 [104]。

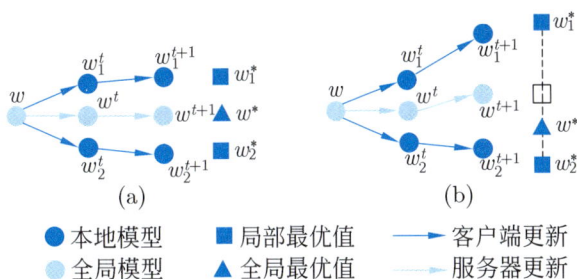

图 **3.1** FedAvg 中两个客户端和两个本地步骤的客户端漂移说明
（a）独立同分布数据设置；（b）非独立同分布数据设置。

3.2 联邦学习个性化方法

3.2.1 基于客户端选择的方案

联邦学习中个性化的核心前提是，由于各方数据的非独立同分布异构分布，一个全局模型可能无法适用于所有各方。用于个性化的客户端（各方）聚类技术基于同一假设：在系统中存在的 N 个各方中，存在 $K < N$ 不同的数据分布。该假设使该技术能够将各方聚类为 K 个簇，以缓解非独立同分布数据分布条件，并为每个 K 个簇学习一个共同的全局模型。因此，根据这种表述，个性化问题可以细分为两个子问题：一是定义一个聚类假设以将各方聚类在一起；二是为每个定义的簇聚合和学习一个模型。

聚类联邦学习（CFL）[105] 假设存在一个分区 $C = \{c_1, \cdots, c_K\}$，使得每个参与方子集 c_k 都满足传统的联邦学习假设，即全局模型同时最小化所有参与方数据分布的风险。然而，CFL 不是一次性确定参与方的完整聚类 C，而是递归地将参与方分成簇，直到确定所有簇。该算法通过训练局部模型进行，直到收敛到一定限度。然后汇总这些单独的参与方模型，并检查全局模型的一致性，即全局模型在多大程度上最小化了每个参与方的风险。如果全局模型符合参与方的某个停止标准，那么 CFL 终止；否则，各方将被划分为两个子集群，并在每个子集群上递归执行 CFL。

3.2.2 基于元学习的方案

元学习通常称为"学会学习"，旨在通过接触各种任务（数据集）来改进学习算法 [106]，使模型能够快速有效地学习新任务。模型不可知元学习（Model Agnostic Meta-Learning，MAML）[107] 是一种流行的方法，适用于任何可以用基于梯度的方法学习的模型。MAML 不是训练模型参数来最小化给定任务上的损失，而是在几个参数适应步骤之后训练模型参数来最小化任务上的损失。如果将每个任务视为联邦学习设置中的一方，那么可以将个性化联邦学习与元学习进行类比。我们想要训练一个全局模型使它成为各方模型的良好初始化器，这样它就能够快速适应各个参与方的个性化需求，从而有效处理各方数据分布上的任务。

ARUBA [108] 是一个将元学习与多任务学习技术相结合的框架，使元学习方法能够学习并利用任务相似性来提高其性能。ARUBA 背后的动机之一是，在元学习模型中某些模型权重充当特征提取器，无须太多修改即可跨任务转移，而其他权重变化很大。每个坐标的学习率允许参数根据它们在任务间的可转移性以不同的速率进行调整。在联邦学习设置中对下一个字符预测任务进行测试时，ARUBA 的性能与经过微调的 FedAvg 基线相当，但没有在微调学习率上进行额外的超参数优化。

Per-FedAvg [36] 基于 MAML 提出了如下个性化联邦学习方案：

$$\min_{w\in\mathbb{R}^d} F(w) := \frac{1}{C} \sum_{c=1}^{C} f_c(w - \alpha\nabla f_c(w)) \tag{3.1}$$

式中：α 为步长，$\alpha > 0$。

损失函数可以写成元函数 $F_1, \cdots, F_c$ 的平均值，其中 $F_c(w) := f_c(w - \alpha\nabla f_c(w))$ 是与客户端 c 相关的元函数。

与 FedAvg 的优化目标（旨在学习在大多数参与客户端上表现良好的全局模型）相反，新目标转变为学习一个良好的初始全局模型，该模型在使用几步梯度下降更新后，在新的异构任务上能够表现良好。此方案适用于学习改进的全局模型初始化，以便在具有异构分布的本地数据孤岛上实现更佳的个性化。

此外，FedPer [109] 提出将全局模型分离为一个作为特征提取器的基础网络和一个个性化层。双方共同训练基础层和个性化层，但只与聚合器共享基础网络进行聚合。这允许系统使用来自多方的信息来学习表示提取网络，同时学习特定于每一方的个性化层。该方法与元学习之间的联系在文献 [109] 中没有明确探讨，在元学习文献中有相关的工作，Almost No Inner Loop（ANIL）[110] 提出将网络分为主体和头部网络，并且只使头部适应元学习内环中的新任务。

3.2.3 基于正则化的方案

模型正则化是一种常用策略，旨在训练机器学习模型时防止过拟合并提升收敛性。在联邦学习中可以通过正则化技术来限制局部更新的影响，这不仅增强了收敛的稳定性，还提高了全局模型的泛化能力，从而有助于生成更优质的个性化模型。每个客户端 c 的目标不仅是最小化其局部函数 $f_c(\theta)$，还需同时最小化以下目标：

$$\min_{\theta \in \mathbb{R}^d} h_c(\theta; w) := f_c(\theta) + l_{\text{reg}}(\theta; w) \tag{3.2}$$

式中：$l_{\text{reg}}(\theta; w)$ 为正则化损失，通常表述为全局模型 w 和客户端 c 的局部模型 θ 的函数。

一些研究工作通过在全局模型与局部模型之间实现正则化，以应对联邦学习中数据统计异质性引发的客户端漂移问题。FedProx [111] 在局部子问题中引入了一个近端项，该项考虑了全局联邦学习模型与局部模型之间的差异，从而调整了局部更新的影响。除了模型之间的差异，FedCL [112] 还借鉴了持续学习中的弹性权重合并（EWC）[113] 用于评估正则化局部损失函数中参数的重要性。权重的重要性是在联邦学习服务器的代理数据集上进行估计的，并随后传输到客户端。在将全局模型调整至客户端本地数据时会执行惩罚步骤，以防止全局模型中重要参数的剧烈变化。这一方法有助于减轻局部模型与全局模型之间的权重差异，同时保留全局模型的知识，以提高其泛化能力。

此外，研究人员还提出了一种创新的联邦学习个性化方法 MOON [114]，该方法基于对比学习的理念。MOON 的设计目标主要有两个：首先，它旨在减小局部模型所学习到的表示与全局模型之间的距离，以缓解训练过程中的权重发散现象而导致的性能下降。权重发散通常会使局部模型偏离全局最优解，从而影响整体的学习效果。其次，MOON 还致力于增大当前局部模型与其前一个版本之间的表示差异。这一策略的目的是加速模型的收敛过程，确保每个客户端在训练时能够更快地适应全局模型的变化。这样的设计使得客户端能够利用历史知识逐步优化自身的表现，从而实现更高效的模型训练和更优质的最终结果。

3.2.4　基于蒸馏的方案

Caruana 等 [115] 已经证明，可以将一组模型的知识压缩成一个更易于部署的单一模型。知识蒸馏 [116] 进一步发展了这一想法，涉及通过让学生模仿老师，将大型教师网络的知识提取到较小的学生网络中。知识蒸馏的应用不仅限于神经网络间的知识迁移。早在 2004 年，Zhou 等就提出了 NeC4.5 算法 [117]，它将神经网络集成与决策树相结合，通过蒸馏提升传统决策树模型的性能。该方法首先训练一个高精度的神经网络集成模型，随后利用其输出重构训练样本标签并生成额外数据，最终基于新数据集生成可解释性更强的 C4.5 决策树。这种方式既保留了决策树的可解释性优势，又显著提升了其泛化能力，为异构模型间的知识迁移提供了新思路。根据联邦学习的基本原理，当聚合器将模型发送给参与方时，该模型通常作为在本地数据上进行训练的起始点。通过蒸馏技术实现个性化的方法则采用了不同的策略。基于蒸馏的方法并不直接使用中心模型的参数作为起点，而是通过知识蒸馏在模型之间传递知识，避免了明确复制参数的过程。利用蒸馏而非复制模型参数的关键优势在于，参与方和聚合器之间的模型架构可以不同，从而保证框架的正常运作。例如，参与方可以选择更适合其数据特性和硬件限制的模型架构。在这一领域，联邦机器学习（FML）[118] 和 FedMD [119] 是主要采用这种方法的实例。

　　FML [118] 采用局部模型和全局模型之间的双向提炼。实施 FML 的各方维护一个局部模型，该模型会根据其数据不断进行训练，而无须与服务器共享数据。在每一轮通信中，服务器都会将全局模型发送给各方，该模型由各方通过全局模型和局部模型之间的双向知识蒸馏对模型进行更新。由于 FML 中局部和全局模型之间的连接是通过 KL 散度来实现的，而不像其他联邦学习方法中是通过参数复制来实现的，因此局部和全局模型架构可以有所不同。作者在不同方上使用不同的网络架构验证了该方案，与在完整数据集上独立训练全局模型相比，FML 方案模型性能具有明显提升。

　　FedMD [119] 提出了一种与 FML 类似的使用蒸馏的个性化公式。FedMD 框架需要一个在各方和服务器之间共享的公共数据集，以及各方维护的私有数据集。该框架首先由各方在公共数据集上训练模型，然后在各自的私有数据集上进行训练，随后将公共数据集中每个样本的类别分数传达给中央聚合器。所有各方的这些类别分数的聚合被用作各方使用蒸馏学习的目标分布。与 FML 类似，FedMD 具有支持各方不同模型架构的优势。

第

4

章

联邦学习贡献度评估

联邦学习贡献度评估是指在联邦学习环境中对各个参与方（如不同的数据拥有者或计算节点）在模型训练过程中所作贡献的量化分析。这种评估很重要，它可以激励参与者贡献更高质量的数据，确保训练出的模型更加准确和鲁棒。贡献度的评估通常基于数据的质量和数量、计算资源的贡献以及对模型改进的实际影响。通过合理的贡献度评估机制，可以平衡各方利益，促进合作，提高联邦学习项目的整体效率和效果。

4.1　贡献度评估的重要性与挑战

在联邦学习中，用户在缺乏激励的情况下可能会表现出不愿分享其数据的态度，尤其是他们认为收益分配不公平时。例如，某企业可能会认为其一月份和第一季度的交易数据对于联邦学习任务的贡献相同，因此在分享二月份到三月份的交易数据时可能会犹豫（因为这段时间的数据不会带来额外的收益）。然而，实际上二月份到三月份的交易数据可能对全局模型的进一步优化具有重要价值。

因此，针对这种情况，联邦学习贡献度评估（Federated Learning Contribution Estimation, FLCE）的研究应运而生。联邦学习贡献度评估旨在开发公平合理的方法，以激励用户积极参与联邦学习过程，并确保联邦学习生态系统的可用性和可持续性。通过合理的贡献度评估机制，用户可以清楚地看到分享数据所带来的潜在收益，从而增强他们的参与意愿。这不仅有助于提升模型性能，还能促进数据共享的积极性，推动联邦学习技术的广泛应用。最终，建立公平的收益分配机制，为联邦学习生态系统的长期发展奠定坚实基础，确保各方利益的平衡与共赢。

同时，联邦学习贡献度评估还有助于识别持有低质量数据的参与者。首先，了解参与者的行为和数据质量能够帮助我们更好地理解联邦学习模型的训练动态。通过追踪不同参与者的数据集，可以识别出哪些参与者在训练过程中引入了负面影响，从而为模型的优化提供有价值的依据。通过对参与者贡献的量化评估，可以为每个参与者设置相应的权重，使得提供高质量数据的参与者在模型训练中获得更大的影响力。这种策略能够加速模型的收敛，提高学习效率，最终实现更优的模型性能。其次，识别低质量参与者的数据可以有效减少其对模型性能的负面影响。在联邦学习系统中，低质量数据不仅会导致模型性能下降，还可能引发对抗样本攻击等安全问题。通过对本地数据质量的评估，可以采取措施降低这些参与者对整体模型训练的干扰（如在模型更新时减少其贡献权重或暂时剔除其参与），这不仅有助于提升模型的鲁棒性，也能保护系统免受潜在的安全威胁。

综上所述，识别和衡量参与者在联邦学习系统中的贡献是提升模型性能、保障系统安全以及实现公平合作的重要环节。通过有效的贡献度评估方法，能够优化数据利用效率,推动联邦学习技术的进一步发展与应用。面对未来日益复杂的应用场景,深入研究参与者贡献的评估机制将为联邦学习的实践提供更加坚实的基础。

4.2　贡献度评估标准与公平性

4.2.1　基于 Shapley 值的贡献评估方法

Shapley 值的概念由 Shapley 在 1953 年提出,作为衡量贡献的公平框架,Shapley 值计算了参与者在合作活动中的边际贡献,描述了参与者在参与或不参与某项活动时整体回报的变化。这一理论为公平分配收益提供了理论基础,使得在多方合作中能够更好地理解各方的贡献。

在一系列富有洞察力的研究论文中,Jia 等提出了计算数据 Shapley 值的更有效方法。他们的研究提出了几种值得注意的策略,包括在 K 邻近(KNN)算法设置中使用局部敏感哈希(Locality Sensitive Hashing, LSH)进行近似计算,从而提高效率[120]。此外,他们还利用 Shapley 值的固有稀疏性来减少模型评估所需的计算要求,这在实际应用中更具可行性[121]。

受这一基础概念的启发,后续的研究人员开始将联邦学习领域中的每个客户端视为一个独立的“玩家”。研究的目的在于评估每个客户端对整体模型性能的影响,尤其是在特定客户端加入或退出某个训练组时模型性能的变化。为了实现这一目标,研究人员在考虑无数潜在联盟的情况下进行了细致的性能评估[122]。Song 等引入了贡献指数(Contribution Index, CI),这一概念与 Shapley 值的原理相呼应,旨在量化每个客户端的贡献。同时,Wang 等提出了联合 Shapley 值,这一方法独特地考虑了客户端参与的时间顺序,从而揭示了数据价值的复杂细微差别[123]。这些方法不仅遵循了 Shapley 值的公平性原则,还通过近似算法提供了可行的计算手段,使得在联邦学习环境中能够更高效地衡量每个客户端的贡献。

综上,Shapley 值及其衍生方法为理解和优化联邦学习中的数据共享与参与者贡献提供了重要的理论支持和实践指导。这不仅促进了模型性能的提升,也为实现公平的收益分配机制奠定了基础。

4.2.2　基于距离的贡献度评估方法

研究人员提出了一种新颖的方法论,旨在每一轮中为模型参数的每层确定每个客户端的贡献[124]。这一评估方法利用了与本地模型更新相对应的“注意力权重”(实际上是聚合权重)。注意力权重的计算是基于客户端本地模型与上一轮全局模型之间的差异。具体而言，研究人员认为，用户对全局模型的影响越大，其贡献就越显著。这一假设为评估提供了理论基础。然而，现实世界的复杂性会对这一假设提出挑战，特别是在面对数据的不均匀性和多样性时。

类似地，通过检查本地和全局损失函数梯度之间的角度差异可以衡量客户端的贡献[125]，假定较小的角度意味着对全局模型更新的贡献更加明显。这种基于角度的评估方法为理解各参与者在模型训练中的作用提供了新的视角。研究人员通过这种方法能够更清晰地识别出哪些客户端在训练过程中对模型的性能提升起到了关键作用。

基于距离的方法，消除了使用附加验证数据集评估模型性能的需要，与 Shapley 值技术相比具有明显的优势。在许多情况下获取额外的验证数据集不仅耗时且成本高，这一优势在实际应用中显得尤为重要。然而，这些方法也面临着一个显著的挑战，它们主要集中在确定最新全局模型与本地模型更新之间的距离。这一问题源自全局模型缺乏明确的"真实标准"，未必可以作为距离测量的基准。

为了解决这一问题，FLTrust[126]建议使用一个良性根数据集作为标准。这一方法旨在提供一个相对稳定的评估基准，使得各参与者的贡献能够得到更准确的测量。然而，在联邦学习的领域中，由于数据隐私和监管障碍，这一解决方案往往难以实现。数据隐私问题使得客户端不愿意分享其本地数据，而监管要求又限制了数据的自由流动，这让研究人员在寻找合适的评估标准时面临严峻挑战。

因此，如何在保护数据隐私的前提下找到合适的标准来衡量和优化客户端的贡献，成为联邦学习研究中的一个关键课题。研究人员正在积极探索新的方法和策略，试图克服这些挑战，以推动联邦学习技术的进一步发展。通过不断改进评估机制，未来的联邦学习系统可以在确保数据隐私的同时，提升各方参与者的积极性，促进模型性能的提升。

4.2.3 评价指标

为了激励数据持有者参与联邦学习，准确估计他们的贡献并据此提供相应的激励至关重要。理想的联邦学习贡献度（PLCE）评估方法应具备以下特性。

1. 有效性

客户端的估计贡献应与其在联邦合作中的重要性一致。然而，在实际操作中获取客户端贡献的真实情况往往是不可行的。因此，通常采用一些指标来评估 FLCE 方法的有效性。这一指标仅依赖估计的贡献，能够反映出每个客户端对整体模型性能的影响，从而为进一步的优化提供依据。

2. 鲁棒性

在联邦学习中，一些客户端可能会通过策略性或恶意行为来获得不当优势，或故意降低全局模型的性能。为了评估 FLCE 方法的鲁棒性，可以检查相对贡献的变化，先计算在没有引入不良数据的情况下，使用某种 FLCE 方法在联邦学习中评估的客户端的原始贡献，再计算该客户端引入了不良数据后，在相同的联邦学习过程中使用相同方法评估的同一客户端的贡献。如果 FLCE 方法显示出负面变化，意味着该方法能够有效识别并抵御恶意行为，从而可以认为是更鲁棒的。

3. 高效

由于贡献度估计可能涉及大量的计算，尤其是在处理许多客户端的情况下，评估 FLCE 方法的运行时间成为一个实际的评估标准。一个高效的 FLCE 方法不仅能够快速计算每个客户端的贡献，还能在保证准确性的同时减少资源的消耗。这对于大规模的联邦学习场景尤为重要，因为它直接影响到系统的整体性能和用户的参与意愿。

4.3 联邦学习贡献度评估方法

4.3.1 基于 Shapley 值的贡献度评估方法

Shapley 值是联邦学习中用于评估客户端贡献度常用的方法。在博弈论中，玩家的 Shapley 值是所有可能联盟（玩家组）边际贡献的加权和，边际贡献是玩家加入和不加入联盟之间的总奖励差[31]。在联邦学习设置中，基于 Shapley 值的贡献[122] 定义如下：

$$\text{SV}_t(k) = C \sum_{S \subseteq S_t \backslash \{k\}} \frac{U(M_{S \cup \{k\}}) - U(M_S)}{\binom{|S_t|-1}{S}} \tag{4.1}$$

式中：t 为联邦学习聚合轮次；k 为客户端；C 为常数；$U(M_S)$ 或 $U(S)$ 为在一组客户端 S 上训练的模型 M 的效用函数，效用函数可以是在验证数据集上评估的模型准确性。

计算 $U(S)$ 需要用数据 S 训练一个新的模型，而这个训练过程往往计算成本很高，因此研究人员提出了几种基于 Shapley 值的数据估值算法来直接近似 $U(S)$，以降低计算成本。由于每个客户端在不同的时间对学习过程的贡献不同，并且联邦模型的性能取决于他们的参与顺序，文献 [123] 提出了一种名为 FedSV 的贡献度评估算法，其中服务器只随机选择一组客户端来近似 $U(S)$，而其他客户端在这一轮的贡献被设置为零。显然，FedSV 不能保证两个客户端在提供相同数据集的情况下具有相同贡献的对称性。

因此，研究人员提出使用基于因式分解的低秩矩阵补全模型来评估基于 Shapley 值的贡献。Fan 等 [127] 提出了一种新的贡献度评估算法 ComFedSV，事实证明该算法与 FedSV 算法相比有显著改进。他们提出了效用矩阵 $U \in \mathbb{R}^{T \times K}$，该矩阵记录了在任意轮次 $t \in 1, 2, \cdots, T$ 中，对参与者的任意子集 $\mathcal{S}$，随着模型参数的更新和上一轮模型参数的提高，损失函数的改进程度。作者证明了效用矩阵是低秩矩阵，并使用低秩矩阵完成模型来近似效用矩阵：

$$\min_{W,H} \sum_{t=1}^{T} \sum_{S \subseteq [K]} \left(u_{t,S} - \boldsymbol{w}_t^{\mathrm{T}} \boldsymbol{h}_S\right)^2 + \lambda \left(|\boldsymbol{W}|_F^2 + |\boldsymbol{H}|_F^2\right) \tag{4.2}$$

因此，$U \approx W^{\top} H$ 和参与者 i 的 Shapley 值可以按如下方式计算：

$$s_i = \frac{1}{|S|} \sum_{t=1}^{T} \sum_{S \subseteq I \setminus \{i\}} \frac{1}{C_{|S|}^{N-1}} \boldsymbol{w}t^{\mathrm{T}}(\boldsymbol{h}_{S \cup \{i\}} - \boldsymbol{h}_S) \tag{4.3}$$

式中：$\boldsymbol{h}_S$ 为 $\boldsymbol{H}$ 的第 S 行；$\boldsymbol{w}_t^{\mathrm{T}}$ 为 $\boldsymbol{W}$ 的第 t 行的转置。

由于贡献度评估算法 ComFedSV 仅适用于水平联邦学习，因此 Fan 等 [128] 提出了贡献度评估算法 VerFedSV，它专为具有同步和异步设置的垂直联邦学习而设计。在联邦学习中，不同算法的损失函数几乎具有相同的形式：

$$l(\theta_1, \cdots, \theta_M, \{\boldsymbol{x}_i, \boldsymbol{y}_i\}) = f(\boldsymbol{h}_i, \boldsymbol{y}_i) \tag{4.4}$$

式中：$\boldsymbol{h}_i = \sum_{m=1}^{M} \boldsymbol{h}_i^m, \boldsymbol{h}_i^m = \langle \boldsymbol{x}_i, \boldsymbol{\theta}_m \rangle, \langle \cdot, \cdot \rangle$ 是内积函数。本算法中客户端 i 的 Shapley 值记为 s_i：

$$s_i = \frac{1}{MT} \sum_{t=1}^{T} \sum_{S \subseteq [M] \setminus \{m\}} \frac{1}{C_{|S|}^{M-1} [U_t(S \cup \{m\}) - U_t(S)]} \tag{4.5}$$

Shapley 值是通过平均 t 时刻集合 $S \cup m$ 和集合 S 的效用函数差异来获得的。这里 $U_i(S)$ 表示当参与者集合为 S 时，参与者 i 的效用函数。这种计算方式试图公平地量化每个参与者在联邦学习过程中的贡献。

这里效用函数 $U_i(S)$ 平均了第 $t-1$ 轮用 $\boldsymbol{h}_i^m$ 计算的损失函数与第 t 轮用 $\boldsymbol{h}_i^m$ 计算的损失函数之间的差异（若 $i \in S$，则仍然利用第 $t-1$ 轮的 $\boldsymbol{h}_i^m$）。因此，需要更好的方法来计算 $U_i(S)$。

在同步设置下作者构建了低秩矩阵 H^m，类似于 ComFedSV 中的 U，$U \approx W^T H$，$H^m \approx W^T H_m$，然后估计 $U_i(S)$ 并计算 Shapley 值。在异步设置下不构建任何低秩矩阵，因为只需要更新的参数来计算贡献，而不是所有客户端的最新参数。事实上，VerFedSV 不仅评估数据贡献，还衡量通信和计算性能。

毫无疑问，利用低秩矩阵补全模型和蒙特卡罗（MonteCarlo）采样的方法是有效的。但是，计算 Shapley 值仍然需要花费大量的时间，并且不适用于不同的联邦学习系统。

Song 等[122] 提出了单轮（One-Round，OR）重建算法和多轮（Multi-Round，MR）重建算法。在 OR 算法中，每个客户端子集在服务器中都有一个初始模型。服务器将使用收集到的参数更新全局模型和所有子集模型，并利用更新的子集模型为每个客户端计算贡献。同时，MR 算法修改了贡献的计算。与 OR 算法中在完成所有训练轮次后计算索引不同，MR 算法会在每一轮计算并以折扣率 r 汇总所有轮次的索引。

由于当轮次 t 足够大时，r 会较小，Wei 等[129] 提出了截断多轮重建（Truncated Multi-Rounds，TMR）算法，通过截断较小的 Shapley 值来估计 Shapley 值。作为一种解决方案，他们为 r 设置了一个阈值，低于该阈值，本轮之后的贡献将不会被汇总。OR 算法和 TMR 算法的时间复杂度为 $\mathcal{O}(\log n)$。

为了减少不必要的估计，突出有影响力的训练轮次及其对贡献的影响，Liu 等[130] 提出了截断梯度 Shapley（TGT-Shapley）算法。该算法有两层截断来减少计算：由于较早参与的客户端的贡献高于较晚的客户端的贡献，因此若客户端低于某个阈值，则可以安全地截断较晚的客户端。然后，服务器将各个轮次中每个客户端的贡献相加作为最终的 Shapley 值。实验表明，TGT-Shapley 的两层截断可以显著提高效率和准确性，时间复杂度为 $\mathcal{O}(N^2 \log N)$。

实验也表明，前三个客户端的贡献明显高于其他客户端，因此第二次截断可能会增加结果的误差。因此，虽然模型近似方法可以提高效率，但是缺乏理论证明，这些算法不能保证将误差控制在有界函数之下，或者用 $\epsilon \delta$ 近似来估计 Shapley 值。

4.3.2　基于距离的贡献度评估方法

Wu 等[125] 提出了联邦自适应加权 (FedAdp) 算法，通过理论和实证分析观察到节点对全局模型聚合的贡献与本地节点上的数据分布之间的隐式联系，并提出在每个训练轮次中根据节点贡献自适应地分配不同的权重以更新全局模型。该方案首先通过局部梯度向量和全局梯度向量之间的角度来测量参与节点的贡献，然后通过设计的非线性映射函数量化权重。这种简单而有效的策略可以动态地加强正节点（或抑制负节点）贡献，从而大幅减少通信轮次实现模型收敛。具体方案如下：

该方案不同于 FedAvg [2] 中那样根据数据集的大小为参与节点分配权重，而是根据局部梯度和全局梯度之间的相关性来衡量参与节点的贡献。该方案基于角度 $\theta_i(t)$ 量化每个节点在每个全局回合的贡献，定义为

$$\theta_i(t) = \arccos \frac{\langle \nabla F(\boldsymbol{w}(t)), \nabla F_i(\boldsymbol{w}(t)) \rangle}{\|\nabla F(\boldsymbol{w}(t))\|\|\nabla F_i(\boldsymbol{w}(t))\|}$$

从上式中可以看出，当 $\theta_i(t)$ 较小时，意味着局部梯度 $\nabla F_i(\boldsymbol{w}(t))$ 与全局梯度的方向相似，从而对全局聚合产生正向贡献。当 $\theta_i(t)$ 较大时，如大于 $\pi/2$，局部梯度 $\nabla F_i(\boldsymbol{w}(t))$ 与全局梯度的方向相反，从而对全局聚合产生负向贡献。

另外一种方案是根据用户的本地模型和前一轮的全局模型之间的差异来计算贡献权重，如 FedCM [124]。这一方案的基本假设是，客户端对全局模型的影响越大，他们的贡献就越大。

FedCM 运行在联邦学习系统的中央服务器上，每轮或每几轮接收各客户端的参数后执行。FedCM 联邦学习的服务器计算出各层参数应分配给客户端的注意力 α，并将各层参数乘以相应的注意力更新集中模型。服务器汇总客户端上传的更新参数最终通过服务器与客户端之间的下行通信完成局部模型的更新。FedCM 中注意力聚合的过程可以概括为

$$\alpha_k^l = \text{softmax}(s_k^l) = \frac{e^{s_k^l}}{\sum_i e^{s_i^l}} \tag{4.6}$$

式中：s_k^l 为与中心模型的范数差，且有

$$s_k^l = \|w^l - w_k^l\|_p \tag{4.7}$$

式中：w^l 为服务器的第 l 层参数；w_k^l 为客户端模型 k 的第 l 层参数。

在第 t 轮中客户端 k 的贡献度为

$$\text{imp}_t^k = \epsilon\alpha_k \left[\frac{\log(w_t - w_t^k) + 1}{\log(w_{t+1} - w_t) + 1} + \beta\mathcal{N}(0, \sigma^2) \right] + \gamma \cdot \text{imp}_{t-1}^k \tag{4.8}$$

式中：γ 为遗忘系数；$\gamma \in (0,1)$；ϵ 为更新系数；$\mathcal{N}(0, \sigma^2)$ 为正态分布，β 为其系数。

第

5

章

联邦学习与大模型

随着 ChatGPT 的诞生和广泛应用，大模型技术正逐渐成为改变社会生活的重要技术方式。大模型如 GPT 系列、BERT 和 Vision Transformers，不仅推动了自然语言处理、计算机视觉等领域的突破，还在医学、金融、教育等行业展示了巨大的潜力。然而，这些大模型的成功依赖海量的数据和强大的计算资源，其训练过程需要处理数十亿甚至数万亿的参数。这种巨大规模带来的高昂计算成本和能源消耗，使得大模型的广泛应用受到了显著限制。

一个核心问题是，随着公开数据资源的逐渐耗尽，大模型的持续发展面临数据匮乏的瓶颈。尤其是在许多敏感领域（如医疗、法律或金融），数据隐私问题进一步限制了训练数据的获取。此外，传统的大模型训练集中式方法依赖数据的集中化存储和计算，这不仅容易引发隐私泄露，还可能违反数据保护法规（如 GDPR）。在这种背景下，联邦学习成为解决这一问题的重要手段。联邦学习通过在数据保留本地的情况下进行协同训练，能够在保障数据隐私的同时，充分利用分散的数据资源，为大模型的开发和应用提供了新的范式。

本章将从大模型预训练、大模型微调、提示调优和大模型推理等多个角度探讨联邦大模型的应用。具体来说，联邦学习如何支持大规模预训练模型的构建，解决数据异构性和跨域数据共享的问题；如何通过联邦学习实现针对特定任务或场景的大模型微调，提升模型的泛化能力；以及如何在分布式环境中高效推理，满足边缘设备和实时应用的需求。通过这些讨论，我们将展示联邦学习如何成为大模型发展与应用的有力支持。

5.1 联邦大模型

大语言模型（Large Language Model，LLM）是一种通过深度学习技术训练的大规模神经网络，旨在理解和生成自然语言文本。这类模型通常基于变换器（Transformer）架构，如生成预训练解码器（GPT 等）和双向编码器表示（BERT 等）。大语言模型的训练过程通常分为预训练和微调两个阶段。在预训练阶段，模型会在大量无标注文本数据上进行自监督学习，通过预测被遮掩的词或下一个词来学习语言的复杂模式和语义结构。这一阶段使得模型能够捕捉广泛的语言特征，形成一个强大的初始表示。在微调阶段，预训练好的模型会在相对较小的、有标注的特定任务数据集上进一步训练，以适应具体任务的需求，如文本生成、翻译、问答和情感分析等。GPT 模型通过训练来生成连续的文本，在给定部分文本后，预测下一个词或句子，从而生成与上下文一致的连贯文本。BERT 模型通过双向编码的方式理解上下文中的每个词语，从而在问答和自然语言理解等任务上表现出色。

大语言模型具备强大的语言理解和生成能力，其应用范围广泛。它们不仅能够处理传统的自然语言处理任务（如机器翻译、文本分类、命名实体识别和情感分析），还能够应用于更复杂的场景（如自动文档摘要、对话系统和特定文本生成）。例如，在文本生成任务中，GPT 类模型可以生成自然流畅、逻辑连贯的文章或对话，使其在写作助手和聊天机器人中得到广泛应用。在机器翻译方面，BERT 模型通过其深度双向编码能力，可以在多语言环境中实现高精度的翻译。此外，大语言模型还应用于医学、法律等专业领域，通过对大量专业文献的学习，提供辅助诊断、法律咨询等服务。

然而，大语言模型的训练和部署面临诸多挑战。首先，是训练所需的海量数据和计算资源。大语言模型通常需要在数百 GB 甚至 TB 级别的文本数据上进行训练，训练时间往往长达数周或数月，这对计算设备和电力资源提出了极高的要求。例如，训练一个类似 GPT-3 规模的模型需要成千上万个 GPU 小时，这不仅昂贵，而且给环境也带来了能源消耗和碳排放的负担。其次，大语言模型在训练过程中容易捕捉到数据中的偏见和不良信息，从而在应用中表现出不公平或有害的行为。如何识别和纠正这些偏见，确保模型输出的公正性和可靠性，是研究人员面临的重要课题。此外，大语言模型的规模巨大，参数量通常达到数十亿甚至上千亿，这使得它们在部署时对内存和计算能力提出了严峻的挑战。在实际应用中，如何优化模型的推理速度和资源占用，实现高效的模型部署和实时响应，是工程师需要解决的问题。

相较于传统的联邦学习场景，因大模型数据需求巨大、模型体量巨大、训练成本高，联邦大模型又有了新的机遇与挑战。本节将从大模型预训练、大模型微调和大模型推理三个角度介绍联邦大模型的应用。

5.1.1 大模型预训练与联邦学习

大模型预训练需要基于海量的数据，这已成为提升模型性能和泛化能力的关键。然而，公开数据并非无限量，这一限制对大模型的发展构成了重要挑战。首先，大模型的成功在很大程度上依赖其在多样性和规模上远超以往的数据集上进行训练。以 GPT-3 为例，它使用了数百 GB 的文本数据进行预训练，这使得模型能够捕捉广泛的语言模式和知识。然而，公开数据集的数量和质量存在明显的局限性，尽管互联网提供了丰富的信息源，但真正适合用于模型训练的数据仍然有限。一方面，许多高质量数据被私人公司和组织所拥有，这些数据因商业利益或隐私保护等无法公开；另一方面，公开数据中存在重复、噪声和偏见，这些问题在大规模训练中会被放大，影响模型的性能和公平性。

数据获取的伦理和法律问题也限制了可用数据的数量。随着隐私保护法规（如

GDPR）的实施，研究人员在收集和使用个人数据时必须更加谨慎，以避免法律风险和伦理争议。这进一步减少了可供训练的数据量。此外，语言和领域的多样性也对数据收集提出了挑战。在一些低资源语言和专业领域，公开的高质量数据非常稀缺，这导致模型在这些领域的表现不如在高资源语言和通用领域的表现。

为了应对大模型预训练中公开数据的有限性，使用联邦学习进行大模型预训练是一种具有潜力的解决方案。通过联邦学习，不同数据持有者可以协同工作，共同进行大模型的预训练，而无须将数据集中到一个中心位置，尤其适用于医疗、金融和企业内部产品数据等敏感数据。大模型预训练需要大量高质量数据，但公开数据中可能包含敏感信息，使用这些数据时需要遵循严格的隐私保护法规。联邦学习通过加密通信和隐私保护技术，如差分隐私和安全多方计算，确保数据在训练过程中不会被未经授权的第三方访问或滥用。这不仅有助于遵守隐私法规，还能增强数据提供者的信任，从而鼓励更多的参与方贡献数据。

然而，在大模型预训练阶段使用联邦学习仍然面临着非常多的困难。首先，是通信开销，在大模型训练场景中，GB 量级的模型文件需要频繁地在参与方和中央服务器之间交换模型更新，这在大规模模型训练中会导致巨大的通信开销，显著地拖慢整体训练进度，造成大量的算力浪费。解决这一问题可以采用模型压缩技术，如梯度剪枝和量化，减少传输的数据量。其次，参与方的计算资源差异也影响训练效率和效果。解决这一问题的方法是设计适应性强的训练算法，使得计算资源有限的参与方也能有效参与训练。在现阶段由于性能和成本的考量，还没有使用联邦学习进行预训练的应用案例。

5.1.2 大模型微调与联邦学习

使用联邦学习技术进行大模型微调是一种创新且有效的策略，能够在保护数据隐私的前提下，充分利用分散的多样化数据资源，提升模型在特定应用场景中的性能。因为大模型通常已经在大规模通用数据集上进行了预训练，具备了广泛的语言理解和生成能力；但在特定任务或领域中，模型需要进一步利用隐私数据微调，以提升其适应性和准确性。

联邦学习技术在大模型微调中的应用具有多个显著优势。首先，它能够利用分散在各个参与方的数据进行微调，这些数据往往包含了特定场景下的独特信息。例如，在医疗领域，不同医院的电子病历数据具有重要的临床价值，但出于隐私保护和法律合规的考虑，这些数据难以集中。通过联邦学习，各医院可以在本地对大模型进行微调，然后将更新后的模型参数发送到中央服务器进行聚合，从而共同构建一个更为精准和适用的医疗模型，而无须直接共享病人数据。

使用联邦学习进行大模型微调也面临一些挑战。首先，是通信开销问题。大模型的参数量通常非常庞大，频繁传输这些参数会带来巨大的通信负担。解决这一问题可以采用模型压缩技术，如量化和剪枝，以减少传输的数据量和频率。其次，参与方的计算资源差异影响微调的效率和效果。不同参与方拥有不同的计算能力和数据质量，如何在这种异构环境下实现高效的联邦学习是需要深入研究的问题。适应性强的训练算法和灵活的聚合策略可以帮助缓解这一问题。

面对联邦学习大模型微调中的训练成本和传输效率问题，可以利用现有的大模型微调技术，如 LoRA（Low-Rank Adaptation）[131] 和 Adapter [132] 等，只需要利用较低的算力微调一小部分的模型参数，就可以减少对训练成本和传输效率的需求。

LoRA 是一种通过低秩矩阵来微调大模型的方法。LoRA 的核心思想是将预训练模型中的权重矩阵分解为两个低秩矩阵，从而减少训练参数的数量和内存占用。具体而言，LoRA 在微调过程中仅更新这两个低秩矩阵，而保持原始权重矩阵不变。这种方法不仅降低了计算和存储成本，还保持了预训练模型的原始知识，使微调更加高效。Adapter 通过在预训练模型的层之间插入轻量级的适配器模块来进行微调。适配器模块通常包含少量的参数，例如一个小的前馈神经网络，这些模块在微调过程中会被更新，而预训练模型的原始参数保持不变。Adapter 的优势在于其插入的模块可以针对不同的任务进行独立调整，从而实现任务间的参数共享和模型的高效微调。这种方法在多任务学习和迁移学习中表现出色。

具体而言，在 Transformer 模型中，权重矩阵 $W_0 \in \mathbb{R}^{d \times k}$ 通常具有满秩。在 LoRA 中，权重更新表示为

$$W_0 + \Delta W = W_0 + BA \tag{5.1}$$

式中：W_0 为冻结的预训练权重；A、B 为需要优化的参数，$B \in \mathbb{R}^{d \times r}$，$A \in \mathbb{R}^{r \times k}$，$r \ll \min(d,k)$ 表示低秩矩阵的秩。

给定输入 x 和输出 h，LoRA 的前向传播被改写为

$$h = W_0 x + BA x \tag{5.2}$$

式中：初始 B 设为零矩阵；A 初始化为正态分布。

相比全参数微调，LoRA 的优化目标变为

$$\max_{\Theta} \sum_{(x,y) \in \mathbf{Z}} \sum_{t=1}^{|y|} \log P_{\Phi_0 + \Delta\Phi(\Theta)}(y_t | x, y_{<t}) \tag{5.3}$$

式中：Θ 为低秩矩阵 A 和 B 的参数集，$|\Theta| \ll |\Phi_0|$。

LoRA 的优势包括：

（1）参数效率高。仅需存储任务特定的低秩矩阵 $\boldsymbol{A}$ 和 $\boldsymbol{B}$，而不是整个模型参数。例如，在 GPT-3 175B 上，LoRA 仅需存储约 0.01% 的参数。

（2）无须推理延迟。在推理阶段，可直接合并 $W = W_0 + BA$，从而避免传统适配器方法的推理延迟问题。

（3）硬件资源需求降低。在 GPU 内存使用上，LoRA 可减少约三分之二的内存占用（如将 GPT-3 175B 的训练显存需求从 1.2TB 降至 350GB）。

（4）任务切换便捷。在多任务场景下，仅需替换不同任务的低秩矩阵即可切换任务，而无须重新加载整个模型。

LoRA 在多项任务中表现优异。以 GLUE 基准测试为例，在 RoBERTa 和 DeBERTa 上，LoRA 微调的性能与全参数微调相当甚至更优，且显著减少了需要训练的参数量 [131]。此外，LoRA 在大规模生成任务（如 GPT-3 上的 WikiSQL 和 SAMSum 数据集）中，同样展现了卓越的性能。LoRA 提供了一种高效且灵活的微调大规模模型的方法。通过引入低秩矩阵分解，其在保持模型性能的同时显著降低了计算成本与存储需求，为大模型的广泛应用铺平了道路。

适配器微调技术 [132] 在大规模预训练模型的迁移学习中展示了广泛的应用前景。通过引入瓶颈结构和任务特定的模块设计，适配器技术实现了在高效性和性能之间的良好平衡。实验结果表明，该技术在多任务学习、资源受限环境和实际部署场景中具有重要意义。

适配器模块的核心是一个瓶颈结构，其设计旨在以极小的参数量对预训练模型进行任务特定的调整。具体来说，在每一层 Transformer 中，适配器模块被插入多头注意力层和前馈网络层之后。模块的结构如下：

$$h' = h + \boldsymbol{W}_{\mathrm{up}} f(\boldsymbol{W}_{\mathrm{down}} h) \tag{5.4}$$

式中：h 为层输入的激活；$\boldsymbol{W}_{\mathrm{down}} \in \mathbb{R}^{d \times m}$，将高维激活 d 映射到低维表示 m（$m \ll d$）；f 为非线性激活函数（如 ReLU），$\boldsymbol{W}_{\mathrm{up}} \in \mathbb{R}^{m \times d}$，将低维表示映射回高维空间。

模块中的跳跃连接确保适配器模块初始化时为单位映射，从而避免对原始模型性能的干扰。

适配器模块的参数量可以表示为

$$\mathrm{Params} = 2md + m \tag{5.5}$$

式中：m 为瓶颈维度。

实验表明，设置较小的 m（如 48 或 96）即可在保证性能的同时大幅降低参数开销。

在适配器微调技术中，预训练模型的所有参数保持冻结状态，仅训练适配器模块中的参数。这种方法通过减少优化变量的数量，显著降低了训练的内存和计算需求。此外，在多任务学习场景中，不同任务共享同一预训练模型，仅需为每个任务存储独立的适配器模块。这种设计极大地减少了任务扩展的存储成本，并实现了高效的任务切换。

在推理阶段，适配器模块的参数可以与原始模型参数合并，从而避免推理时的额外延迟。这种无缝集成确保了模型在部署中的高效性。

Adapter Tuning 技术在多个 NLP 基准任务上进行了全面验证。以下是一些关键实验结果：

（1）GLUE 基准测试。在 GLUE 数据集的多个子任务中，适配器微调的性能与全参数微调相近。例如，在 SST-2（句子情感分类）任务中，适配器微调达到 94.6% 的准确率，与全参数微调的 94.9% 基本一致。此外，在 QQP（句子对等价性判断）任务中，适配器微调仅以 0.3% 的性能损失实现了显著的参数节省。

（2）SQuAD 问答任务。在 SQuAD v1.1 数据集上，适配器微调的 $F1$ 分数达到 90.4%，而全参数微调的 $F1$ 分数为 90.7%。值得注意的是，适配器模块的参数量仅为原始模型的 2%，显示了极高的参数效率。

（3）多任务学习场景。在多任务学习实验中，不同任务通过共享主干模型并加载独立的适配器模块，成功避免了灾难性遗忘问题。同时，适配器微调在任务切换时仅需加载任务相关的模块，存储需求远低于全参数微调。

（4）参数效率分析。在 RoBERTa 和 BERT 模型上，适配器模块的新增参数量为原始模型的 0.5%～8%，而性能损失通常低于 0.5%。这种显著的效率提升表明，适配器技术非常适合资源受限的应用场景。

适配器微调技术通过模块化设计和参数高效利用，为解决多任务学习中的迁移问题提供了一种创新方法。其仅需更新极少的参数即可达到与全参数微调相当的性能，大幅减少了训练和存储成本。其支持任务间的独立调整和快速切换，避免了多任务场景下的灾难性遗忘问题。适配器模块在推理阶段与主干模型无缝集成，不引入额外的计算开销，适合实际部署。通过共享主干模型参数，适配器模块实现了任务间的高效协作，适用于需要频繁更新的动态环境。

5.1.3 联邦大模型应用研究

近年来，大语言模型通过在大规模公开数据上进行训练，在多个领域取得了显著成功。然而，随着高质量公开数据逐渐耗尽[192]，大语言模型的发展正逐渐接近瓶颈。同时，大量优质的分布式隐私数据（如医疗和金融领域的数据）由于隐私保护和物理限制未能被充分利用。针对此问题，OpenFedLLM[133] 提出了一种创新的解决方案，即通过联邦学习在隐私数据上协同训练大语言模型。这种方法能够在保护数据隐私的前提下，使多个数据持有者联合训练共享模型，从而挖掘隐私数据的潜在价值。

为支持在分布式隐私数据上的大语言模型训练，其设计了一个名为 Open-FedLLM 的框架，集成了以下核心模块和技术：

（1）联邦指令调优（Federated Instruction Tuning，FedIT）：用于增强大语言模型的指令响应能力。

（2）联邦价值对齐（Federated Value Alignment，FedVA）：用于将人类偏好融入大语言模型，从而确保输出结果既有帮助又无害。

（3）七种经典联邦学习算法：包括 FedAvg、FedProx、SCAFFOLD、FedAvgM、FedAdagrad、FedYogi 和 FedAdam。

（4）八种训练数据集：涵盖通用、金融、医疗、数学和代码等领域。

（5）超过 30 种评价指标：对模型在多维度的性能表现进行全面评估。

OpenFedLLM 框架遵循传统联邦学习协议，例如安全聚合和差分隐私，采用标准的四步训练流程，即全局模型广播、局部模型训练、局部模型上传及全局模型聚合。具体来说，在每一通信轮次中，服务器将全局模型发送给所有参与的客户端；每个客户端基于其本地数据集执行若干步梯度下降，更新局部模型；客户端将其训练后的模型参数上传至服务器；服务器基于客户端上传的模型参数按照数据比例进行加权聚合，生成新的全局模型。

为了实现指令调优和价值对齐，我们在局部训练阶段分别引入不同的损失函数：在联邦指令调优中，每个客户端的数据集由指令和响应对组成，采用监督微调（Supervised Fine-Tuning，SFT）方法，通过最小化对正确响应的预测误差来优化模型；在联邦价值对齐中，每个客户端的数据集包含指令、优选响应和非优选响应，通过直接偏好优化（Direct Preference Optimization，DPO）方法，同时最小化优选响应的损失并最大化非优选响应的损失。

此外，为降低计算和通信成本，框架引入了参数高效微调技术（PEFT），如 LoRA。通过仅对模型的小部分参数进行更新，LoRA 大幅降低了训练成本，同时无须增加推理延迟。

OpenFedLLM 在多个场景下进行了全面实验，主要涉及以下四方面：

（1）联邦指令调优。使用包括 Alpaca、MathInstruct、CodeAlpaca 和 FinGPT 等在内的八个数据集，覆盖通用、数学、代码和金融等领域。客户端数目为 10～50，每轮随机抽样一部分客户端参与训练。全局模型的训练经过 200 轮通信，局部训练使用 AdamW 优化器，学习率采用余弦退火策略。所有联邦学习算法均显著优于本地训练。例如，在金融领域的实验中，使用任何联邦学习算法微调的 Llama2-7B 模型，其性能均超越 GPT-4，而本地训练的模型无法达到该水平。

（2）联邦价值对齐。选用 UltraFeedback 和 HH-RLHF 数据集，分别用于评估模型的"有帮助性"和"无害性"。在 UltraFeedback 数据集上设置 5 个客户端，每轮随机抽取 2 个参与训练；在 HH-RLHF 数据集上设置 5 个客户端，每轮同样随机抽取 2 个。实验评估了不同 FL 算法在帮助性和无害性上的表现。实验表明，所有 FL 算法在两类数据集上均表现优于本地训练，尤其在帮助性和无害性的综合指标上，FedAvgM 和 SCAFFOLD 表现最佳。

（3）跨领域协作。分别在通用、数学、代码和金融四个领域设置客户端，每个客户端仅拥有与其领域相关的数据集。通过联邦学习协作训练全局模型，并与单独领域内本地训练的模型进行对比。协作训练的全局模型在多数领域的评价指标上均表现更优，但在某些领域（如金融）可能稍逊于领域专家模型。这说明未来需要发展能够平衡全局性能和个性化需求的联邦学习算法。

（4）高效性分析。模型采用 8bit 量化和 LoRA 技术。通过高效训练技术，一个 7B（70 亿）参数的模型能够在单张消费级显卡上完成联邦学习训练，每轮通信仅需数秒，展现了 OpenFedLLM 在资源受限场景下的适用性。

为了评估 OpenFedLLM 等联邦学习框架的性能，FedLLM-Bench [169] 提出了首个真实场景下的基准测试数据集，旨在解决现有研究中过于依赖人工分割数据集的问题。FedLLM-Bench 包括 Fed-Aya、Fed-ChatbotIT、Fed-WildChat 和 Fed-ChatbotPA 四个主要数据集。这些数据集基于真实用户的数据划分，不仅涵盖了多语言场景（如 Fed-Aya 数据集），还包含单轮对话和多轮对话的任务。此外，Fed-ChatbotPA 提供了用户偏好的标注数据，模拟了复杂的真实应用场景。

FedLLM-Bench 提供了多种评估维度，包括数据的语言多样性、质量、数量以及指令长度和偏好分布。研究中通过 t-SNE 可视化方法展示了不同客户端数据的嵌入分布，验证了数据在特征空间中的异构性。实验结果显示，采用联邦学习方法的模型在所有数据集上的表现均优于本地训练模型，特别是在多语言协作场景中，联邦学习进一步提高了低资源语言的性能。

此外，FedLLM-Bench 实现了八种经典联邦学习方法（如 FedAvg、FedYogi 和 FedAdam）并引入六种评估指标，包括开放式评估（如 Ref-GPT4 和 MT-Bench）和封闭式评估（如 HumanEval 和 MMLU）。实验结果表明，FedAvg 和 FedProx 在大多数场景中具有较好的鲁棒性，而基于偏好对齐的任务则显示出联邦学习在优化用户体验方面的潜力。

OpenFedLLM 和 FedLLM-Bench 的结合为联邦学习在大语言模型中的应用奠定了基础。通过高效的框架设计和全面的基准测试,这两项研究不仅应对了数据隐私与协作训练的挑战,还为联邦学习社区提供了一个可扩展的实验平台。未来的研究可以进一步探索个性化技术、多语言协作优化以及联邦学习中的差分隐私等方向,以应对更加复杂的实际应用需求。

5.2 联邦迁移学习

前面介绍了传统联邦学习技术在大模型不同阶段的应用。联邦迁移学习是一种结合了联邦学习和迁移学习的先进机器学习技术,它允许在保护数据隐私的前提下跨不同数据源或领域共享和利用知识。在联邦迁移学习中,参与方可以利用自身数据训练模型,并将学习到的模式或知识迁移到其他数据集上,以提高模型在新领域的性能。联邦迁移学习在个性化推荐、跨领域图像识别、医疗诊断等领域展现出广泛的应用潜力。它通过在本地进行模型训练和更新,减少了数据泄露风险,同时实现了跨数据源的知识迁移。

本节将着重介绍联邦迁移学习技术。相比较于联邦大模型技术因通信、算力等问题难以落地,联邦迁移技术为在联邦学习中借助大模型的通用能力提供了新方案。

5.2.1 联邦迁移学习背景

联邦迁移学习(Federated Transfer Learning, FTL)是一种结合了联邦学习和迁移学习的先进技术,旨在利用预训练的大模型和分布式的小模型共同完成特定任务。这个系统仍然由服务器和一个或多个客户端组成。其核心理念是将服务器端的强大计算能力与客户端的轻量级计算资源相结合,在保护用户隐私的前提下,实现高效且个性化的模型应用。在这种架构中,服务器端通常部署一个大模型,这个大模型在大规模数据集上进行了预训练,具备丰富的知识和强大的泛化能力;而客户端部署的是小模型,这些小模型专注于特定任务或场景,能够在本地数据上进行快速适应和微调。

首先,联邦迁移学习能够充分发挥服务器端大模型的强大能力。预训练的大模型在广泛的数据上进行过训练,积累了大量的通用知识,可以作为知识源为客户端的小模型提供强大的支持。在联邦迁移学习过程中,客户端小模型可以通过迁移学习的方法,从服务器端大模型中获取预训练权重和特征表示。这种知识迁移使得小模型在本地数据的基础上迅速获得良好的初始性能,从而减少训练时间和数据需求。

其次，客户端的小模型在本地进行微调，能够充分利用本地数据的特性，实现个性化的模型优化。由于每个客户端的数据具有独特性和个体差异，通过在本地数据上微调小模型，可以使模型更好地适应具体场景和用户需求。例如，在智能手机应用中，不同用户的使用习惯和数据模式不同，通过本地微调，小模型能够更好地理解和满足个体用户的需求，提供更加个性化的服务。

联邦迁移学习的另一个重要优势是其隐私保护能力。数据始终保留在客户端本地，服务器端和其他客户端无法直接访问用户数据。这种数据不出端的训练方式极大地减少了数据泄露的风险，符合数据隐私保护法规和用户隐私需求。在整个训练过程中仅传输模型权重和梯度信息，而不涉及具体的数据内容，从而保证了数据的安全性和隐私性。

此外，联邦迁移学习在提高计算效率和资源利用方面也具有显著优势。服务器端大模型的预训练可以在强大的计算资源上进行，而客户端的小模型由于其轻量级特性，可以在设备资源有限的情况下高效运行。这种计算任务的合理分配使得系统能够充分利用不同层级的计算资源，提升整体的计算效率和响应速度。实际应用中，这种架构能够在确保高效推理和模型更新的同时，避免单一设备的过载，延长设备的使用寿命和续航时间。

在联邦迁移学习的场景中，近期有一系列的工作提出了服务器端大模型辅助本地小模型训练的方案。下面介绍具有代表性的工作。

5.2.2　FDKT

一个代表性的具有隐私保护的联邦定向知识迁移方案是 FDKT（Federated Domain-Specific Knowledge Transfer on Large Language Models Using Synthetic Data）[135]，如图 5.1 所示。FDKT 主要包含以下三个步骤：

（1）客户端小模型将受差分隐私保护的合成数据上传到服务器；

（2）服务器端大模型增强接收到的数据，并将增强后的数据发送回客户端；

（3）用户使用这些增强数据来训练和改进小模型。

FDKT 作为一个隐私保护的联邦定向知识迁移方案，使得我们可以获取大模型中和本地隐私数据相关的通用知识，并将其迁移到本地小模型中，增强小模型在特定领域的性能。在常用的隐私保护强度下（DP：$\epsilon = 8$），相较于使用本地数据训练，FDKT 使得小模型获得了大约 5% 的性能提升。

实验证明了 FDKT 框架的有效性。实验在 Yelp 数据集[73] 上进行，用于评论评级预测。实验数据从 Yelp 数据集的三个领域中抽样，包括购物、艺术和健康领域。对于每个评论，保留其评论文本和评级。除了评论分类任务外，实验还引入了

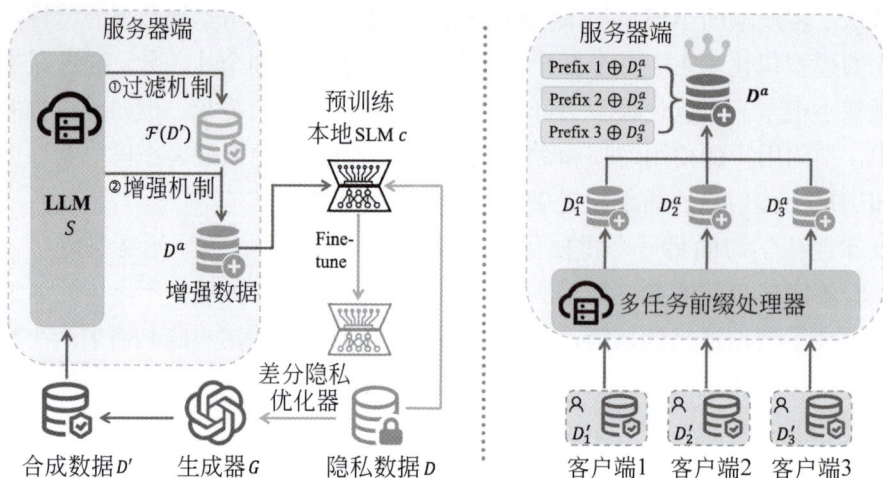

图 5.1　FDKT

AGNews[73] 数据集，用于新闻主题预测。在每个领域（购物、艺术和健康）中，筛选了 5000 个样本，并确保所有 5 个类别的分布均匀，以构建平衡的数据集。对于 AGNews，筛选了 5000 条记录，这些记录均匀分布在 4 个主题标签中。随机选择 1000 条不重叠的数据点作为测试数据来报告评估结果。

对于每个领域，首先使用生成器 G 生成 20000 条合成样本，并应用过滤机制 F 选择 7000 条样本。然后基于 $F(D')$ 进行数据增强，生成 30000 个样本。对于生成器 G 的隐私预算，ϵ 固定为 8，δ 固定为 10^{-5}。评估的模型包括客户端的不同小语言模型（SLM）和服务器端的大语言模型。对于本地模型，使用微调的 DP-GPT-2large 作为生成器 G 生成合成数据，并使用预训练的 T5 large 作为客户端 SLM c。对于服务器端 LLM S，主要实验中使用 Llama-38B。此外，还报告了 FDKT 在多个开源 LLM 上的表现，包括 Mistral7B、Llama-27B、Qwen7B 和 Qwen14B。

为了评估 SLM 的性能，文中使用测试数据进行贪婪解码，并使用正则表达式提取生成的标签。所有提取失败的样本都被视为错误预测。报告了 Exact Acc，它计算生成标签与真实标签的完全匹配精度。此外，对于 Yelp 评论数据，将五级评分标签聚合为正面、中性和负面三类情感标签，并报告 Rough Acc 作为这三类标签的精度。具体来说，1～2 星级被归类为负面，3 星级为中性，4～5 星级为正面。在所有实验中，精度以百分比形式报告。

考虑了以下基线方法以比较所提出的 FDKT：

（1）Local FT：本地微调基线，表示直接在客户端私有数据 D 上微调 SLM c，而不使用任何额外的数据。

（2）Syn FT：合成微调，表示在合成数据 D' 和客户端私有数据 D 的组合上微调 SLM c。

（3）Syn FT+F：合成微调加过滤，表示在合成数据 D' 上应用过滤机制 F，然后在过滤后的数据 $F(D')$ 和客户端的私有数据 D 的组合上微调 SLM c。

（4）Gen KT：一般知识迁移管道，利用 LLM S 在其预训练数据上的知识，并仅提供关于私有数据 D 的任务和标签信息，以进行零样本数据增强。用 D_g 表示 Gen KT 增强的数据。客户端 SLM c 在 D_g 和 D 的组合上微调。

实验探讨了 FDKT 在多个领域中提高各领域本地 SLM 性能的有效性。在每个领域中，FDKT 与 Local FT、Syn FT 和 Gen KT 进行了比较评估，评估标准为精确精度（Exact Acc）和粗略精度（Rough Acc）。生成了 20000 条合成样本 D' 并保留了 7000 条样本用于 $F(D')$，然后利用服务器 LLM S 增强 30000 条样本作为 D^a。为了确保公平比较，从 D' 中随机抽样，使得 $|D'| = 7000$，同时 $|D_g| = 30000$ 用于 Gen KT。在训练过程中，将私有数据与生成的数据混合。

表 5.1 展示了评估结果，对客户端的 SLM 进行了 5 次随机种子的训练，并报告了其平均精度和样本标准差。结果表明：

表 5.1　一对一场景的评估结果

方　　法	艺术（Exact）	艺术（Rough）	健康（Exact）	健康（Rough）	购物（Exact）	购物（Rough）	AGNews（Exact）
Local FT	54.66±4.57	70.22±4.99	55.82±1.93	81.30±0.39	50.08±2.21	70.30±3.28	73.57±7.62
Syn FT	52.57±3.29	64.73±4.80	52.28±5.97	72.76±7.33	47.82±3.73	65.72±5.18	74.45±8.85
Syn FT+F	55.72±3.16	72.68±2.88	55.72±3.15	75.96±3.66	50.86±3.26	67.98±4.60	76.95±3.70
Gen KT	60.10±0.83	79.20±2.04	54.17±3.36	82.13±0.05	53.80±2.67	74.55±2.59	86.97±2.51
FDKT	62.87±2.45	80.97±1.30	56.43±1.53	82.23±0.33	56.13±0.57	78.43±0.45	87.83±1.53

（1）FDKT 在所有评估的领域中始终表现优异且方差较小。在某些领域（如健康和购物），Syn FT 和 Gen KT 有时表现不如 Local FT。然而，FDKT 在四个领域中始终优于 Local FT 和其他基线方法，在精确精度和粗略精度方面均取得了最高的结果。例如，在艺术和购物领域，尽管 Local FT 训练了 100 个 epoch 以优化其性能，FDKT 在精确精度和粗略精度方面分别超出 Local FT 5% 和 7%。对于 AGNews，FDKT 比 Local FT 提升了 14% 的性能。这些一致的改进表明，FDKT 能够显著增强客户端 SLM 的任务性能。

（2）合成数据未能显著提高客户端 SLM 的任务性能。结果表明，Syn FT 和 Syn FT+F 仅对 Local FT 有少量改进，有时甚至降低了 SLM 的性能。此外，Syn

FT 的性能不稳定，方差较大。这种较高的方差可能是生成器 G 注入的噪声导致的。

（3）过滤机制 F 能够有效缓解合成数据 D' 的负面影响。由于数据质量的下降和数据分布的同质性，Syn FT 即使在 $D'+D$ 上微调，也常常导致最差的性能。加入过滤机制 F 后，在 $F(D')+D$ 上微调的 Syn FT+F 提供了更好的精度，并且方差较小。这种改进突显了 F 在提高合成数据质量方面的有效性，使其成为 FDKT 管道中有价值的组成部分。

5.2.3 AUG-PE

芝加哥大学李博团队提出了一种名为 AUG-PE（Augmented Private Evolution）的新方法[136]，用于通过基础模型 API 生成差分隐私（DP）合成数据。AUG-PE 专注于生成 DP 合成文本，而无须进行模型训练，解决了现有方法在 DP 微调 LLM 上资源需求高和实施复杂的问题。具体来说，现有的 DP 合成文本生成方法需要使用差分隐私随机梯度下降（DP-SGD）微调预训练生成语言模型（如 GPT-2），以生成 DP 合成文本数据。AUG-PE 方法基于一个新的 PE（Private Evolution）算法，最初用于生成 DP 合成图像。在 PE 算法中，通过 API 访问基础模型，首先随机生成样本，然后使用私有数据选择最相似的样本并通过 API 生成更多类似的样本，如图 5.2 所示。对于文本生成，AUG-PE 采用了类似的思路，但进行了特定调整以应对文本生成的独特挑战。例如，文本数据的离散性和变长性增加了生成多样性和控制生成过程的难度。AUG-PE 通过引入新颖的生成和选择

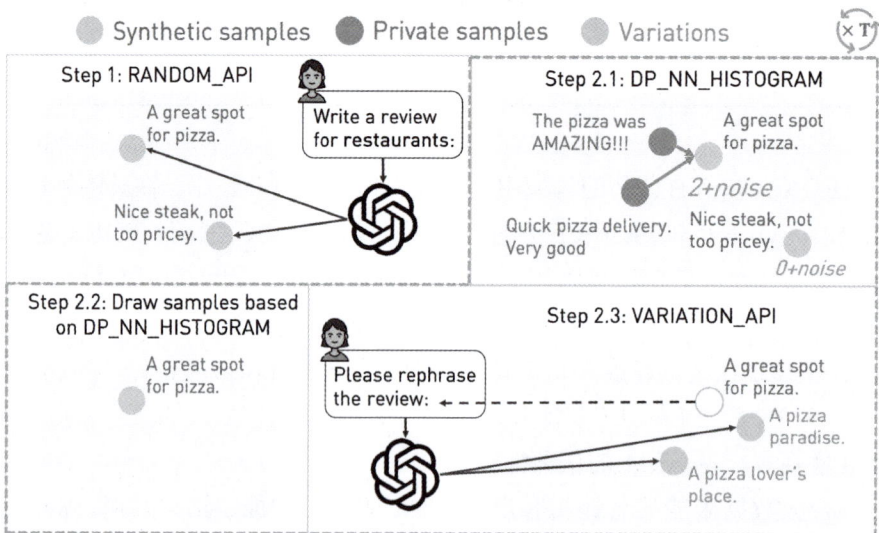

图 5.2　AUG-PE 方案示意

技术，有效地从 LLM 中获取更多多样和高质量的文本。AUG-PE 在多个基准数据集上的实验结果表明，与现有的 DP 微调生成方法相比，AUG-PE 在生成 DP 合成文本方面表现出色。使用与 GPT-2 系列相同的预训练语言模型和隐私预算，AUG-PE 生成的 DP 合成文本在下游任务的效用和真实样本相似度方面，能够达到甚至超过 DP 微调生成器的方法。此外，通过利用更强大的 LLM（如 GPT-3.5），AUG-PE 的性能显著提高，且计算效率更高，因为只需要 LLM 推理 API。

AUG-PE 在 Yelp Review、OpenReview 以及 PubMed 三个数据集上评估了所提出的方法。Yelp 数据集包含用户对商业的评论，OpenReview 数据集是 2023 年 ICLR 提交的评论，PubMed 数据集包含医疗论文摘要。为确保生成的差分隐私文本能够应用于多个领域，这些数据集的选择涵盖了日常对话风格和专业文献。使用了多个语言模型生成器，包括 GPT-2、GPT-2-Medium、GPT-2-Large 和 GPT-3.5。此外，还使用了多种嵌入模型进行特征提取，如句子变换器。为了确保生成的文本与真实数据保持较高的相似性，本实验还研究了其他嵌入模型的效果，具体细节将在消融实验中展示。对生成文本的评价主要从下游任务的准确率以及生成数据与真实数据的相似度两个维度展开。下游任务的评估使用了在生成的合成文本上微调的分类器，并在真实测试数据集上进行评估。此外，使用的相似度指标包括 FID（Fréchet Inception Distance）、精度、召回率、$F1$ 分数等。

实验表明，AUG-PE 算法在生成差分隐私文本方面具有较高的效用，与当前最先进的差分隐私微调基线模型相比，表现出了相当的隐私效用权衡。对于 Yelp 数据集，在分类任务上，AUG-PE 方法生成的文本在保留隐私的前提下取得了较高的分类精度。在 OpenReview 和 PubMed 数据集上，该方法也展现出较高的文本生成质量。

为进一步验证 AUG-PE 方法的有效性，对不同嵌入模型和生成策略进行了消融实验，表 5.2 的实验结果显示，使用填空式生成策略的 GPT-3.5 模型在多个数据集上的表现优于其他策略。对于 GPT-2 系列模型，文本的生成效果随着温度参数的增加而有所提高，尤其是在日常对话风格的数据集上效果更为显著。为了验证 AUG-PE 算法的收敛性，通过多次迭代生成样本，并对每次生成的样本进行投票选择。结果表明，随着迭代次数的增加，生成样本逐渐与目标样本更加接近，这表明 AUG-PE 具有良好的收敛性。

5.2.4 InferDPT

基于隐私保护的大模型推理（private inference）对于许多大模型的云服务是至关重要的。然而，现有的基于全同态加密和安全多方计算的方法虽然能有效地保护隐私，但是仍然有很大的计算延迟，同时没法应用于闭源的黑盒的大模型。中国科

表 5.2　AUG-PE 实验结果

Dataset	Method	Data Type (Size)	Data Generator	$\epsilon=\infty$		$\epsilon=4$		$\epsilon=2$		$\epsilon=1$	
				Rating	Category	Rating	Category	Rating	Category	Rating	Category
Yelp	DP-FT-Downstream	Original (1939290 / full data)	-	76.0	81.6	67.5	72.8	67.2	72.0	66.8	71.8
		Original (5000)		70.5	75.1	44.8	61.8	44.8	61.8	44.8	61.8
	DP-FT-Generator	Synthetic (5000)	GPT-2	70.3	75.9	68.2	74.1	67.2	73.1	66.4	73.9
			GPT-2-Medium	70.0	75.0	69.0	74.6	67.8	74.3	67.4	74.1
			GPT-2-Large	70.4	75.4	68.7	74.2	69.8	75.1	68.7	74.6
	AUG-PE	Synthetic (5000)	GPT-2	67.5	74.8	66.4	74.9 †	67.1	74.7 †	66.9	74.4 †
			GPT-2-Medium	67.5	74.9	66.8	74.6	67.7	74.7 †	67.3	74.6 †
			GPT-2-Large	67.5	74.5	67.3	74.4 †	65.8	74.1	66.5	75.0 †
			GPT-3.5	68.4	74.1	68.1	74.0	67.8	74.3	67.9	74.0
				Area	Rating	Area	Rating	Area	Rating	Area	Rating
OpenReview	DP-FT-Downstream	Original (8396 / full data)	-	65.1	50.8	30.5	32.0	30.5	32.0	30.5	32.0
		Original (2000)		55.3	47.8	30.5	32.0	30.4	25.5	6.3	19.8
	DP-FT-Generator	Synthetic (2000)	GPT-2	47.5	32.0	32.1	32.0	31.9	32.0	32.1	32.0
			GPT-2-Medium	49.7	36.5	40.3	32.0	33.5	31.9	35.5	31.9
			GPT-2-Large	48.3	42.9	38.9	33.7	40.4	33.6	38.6	32.1
	AUG-PE	Synthetic (2000)	GPT-2	42.4	32.1 †	39.9 †	32.1 †	38.8 †	32.1 †	37.6 †	32.0
			GPT-2-Medium	41.0	32.3	36.9	32.0	36.0 †	32.0 †	36.6 †	32.1 †
			GPT-2-Large	42.1	32.1	38.8	32.0	38.4	32.0	38.1	32.0
			GPT-3.5	45.4	43.5	43.5	44.6	42.8	44.5	41.9	43.1
				BERT$_{Mini}$	BERT$_{Small}$	BERT$_{Mini}$	BERT$_{Small}$	BERT$_{Mini}$	BERT$_{Small}$	BERT$_{Mini}$	BERT$_{Small}$
PubMed	DP-FT-Downstream	Original (75316 / full data)	-	43.5	47.6	30.7	34.1	28.9	32.5	26.7	30.4
		Original (2000)		33.5	34.6	2.2	1.1	1.8	0.8	1.4	0.6
	DP-FT-Generator	Synthetic (2000)	GPT-2	30.2	32.4	27.8	29.7	27.6	29.3	27.2	29.2
			GPT-2-Medium	31.0	33.1	28.4	30.2	28.1	30.0	27.8	29.8
			GPT-2-Large	31.0	33.1	29.2	31.2	29.2	31.1	28.9	31.1
	AUG-PE	Synthetic (2000)	GPT-2	24.5	26.7	24.7	27.0	24.7	26.9	24.3	26.5
			GPT-2-Medium	25.5	27.7	25.4	27.6	25.1	27.4	24.9	27.0
			GPT-2-Large	25.7	28.0	25.8	27.9	25.5	27.7	25.1	27.2
			GPT-3.5	30.4	32.7	30.3	32.5	30.2	32.5	30.1	32.4

学技术大学的团队提出了一种基于黑盒大模型安全推理方案 InferDPT（Privacy-preserving Inference for Black-box Large Language Models）[137]。InferDPT 引入关键模块 Perturbation Module 和 Extraction Module。Perturbation Module（扰动）负责对输入的 prompt 进行扰动（基于 DP 方法），生成新的扰动后的 prompt。Extraction Module 是一个本地模块，负责对服务端大模型推理结果进行"解码"，恢复原始 prompt 推理结果。InferDPT 整体框架[137] 如图 5.3 所示。

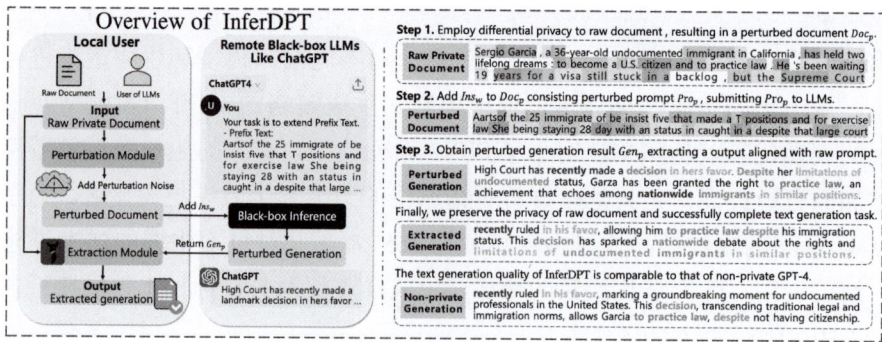

图 5.3　InferDPT 整体框架

5.2.5　FedMKT

针对大模型与小模型的协同训练问题，如何确保两者能够相互促进、共同提升，从而使大模型融入更多的领域专业知识，并且让小模型得到大模型的有效指导。

研究人员提出了一种在微调场景下大模型和小模型共同学习的联邦迁移学习方法 FedMKT（Federated Mutual Knowledge Transfer for Large and Small Language Models）[138]。该方法专为微调场景中的大模型与小模型共同学习而设计。通过 FedMKT，大模型能够更有效地吸收领域知识，小模型能在大模型的指导下实现应用效果的提升。FedMKT 这一方案既充分发挥了大模型在通用性方面的优势，又兼顾了小模型在部署和实用性上的便捷，从而为企业提供了一个高效灵活的 AI 应用路径。

FedMKT 主要包含两个核心模块：一是实现 LLM 与 SLM 之间的双向 Token 对齐；二是实现两者之间的双向选择性知识迁移。FedMKT 建立了一种有效的选择性知识迁移机制，此机制能够从 SLM 中精准提炼出最具价值的知识，并有效地迁移到服务器的 LLM 中，这一过程同样适用于反向迁移。另外，为解决 LLM 与 SLM 之间 Token 不匹配的问题，FedMKT 还引入了一种基于最小编辑距离（MinED）的对齐技术，从而有效提升了知识迁移的效率和准确性。考虑到客户端数据隐私保护，FedMKT 采取了业界标准的基于"logit-based FL on public data"的知识迁移方式，客户端基于私有数据（private data）在本地进行学习，基于公开数据（public data）进行 LLM 和 SLM 之间的知识迁移。

FedMKT 整体框架 [138] 如图 5.4 所示。

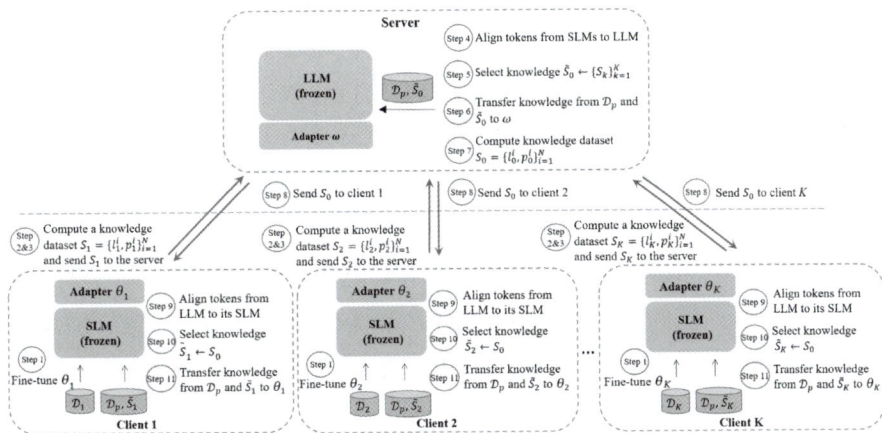

图 5.4　FedMKT 整体框架

5.2.6　联邦迁移学习展望

联邦迁移学习在当前阶段主要是通过服务器端的大模型帮助客户端的小模型实现知识迁移和个性化优化。然而，未来联邦迁移学习的一个重要展望是实现小模型之间的互相帮助，以及小模型促进大模型的提升。这种双向和多向的知识传递不仅可以提高整体模型的性能，还能优化计算资源的利用，促进更广泛的应用和协作。

　　小模型之间的互相帮助可以通过共享中间表示、特征和经验来实现。在联邦学习的框架下，各个客户端的小模型可以通过共享梯度、模型参数或者中间层表示来相互学习，从而提高各自的性能。这种方法可以充分利用不同客户端的数据多样性和特定任务的经验，提升模型的泛化能力。例如，不同医院的小模型可以在不直接共享病人数据的前提下，共享经过差分隐私处理的梯度信息，从而共同提升诊断模型的准确性和鲁棒性。此外，小模型之间的互相帮助可以通过联邦蒸馏（Federated Distillation）实现。每个客户端的小模型可以将其学习到的知识通过蒸馏的方式传递给其他小模型，从而在整个系统中传播有价值的信息。这种方法不仅能提高各个小模型的性能，还能在数据隐私保护的前提下实现知识的高效共享和利用。

　　小模型促进大模型的提升是一种反向知识传递的策略。在这种框架下服务器端的大模型不仅作为知识的提供者，还可以通过从多个小模型中学习新的特征和模式来不断改进自身。这种方法可以利用小模型在特定任务和场景中的优异表现，将这些经验整合到大模型中，从而提升大模型的通用性和适应性。例如，服务器端的大模型可以定期从客户端的小模型中收集训练数据、梯度和模型更新，通过聚合这些信息来微调自身的参数，从而获得更加多样化和高质量的知识表示。此外，小模型还可以通过提出新的任务和挑战来推动大模型的发展。在联邦学习的生态系统中，小模型可以提出特定任务和应用需求，大模型通过不断适应这些新任务来提升自身的能力。这种双向互动不仅能促进大模型的持续改进，还能使整个系统更加灵活和响应迅速，适应不断变化的应用需求和数据环境。

　　总的来说，未来联邦迁移学习的发展将朝着更加协同和互动的方向迈进。通过实现小模型之间的互相帮助和小模型促进大模型的提升，可以充分利用分布式数据和计算资源，构建更加智能和高效的学习系统。这不仅能提高各个模型的性能和适应性，还能促进更广泛的应用和创新，为各个领域的智能应用提供强有力的支持。

第 6 章

联邦学习与拜占庭问题

联邦学习是一种分布式机器学习技术，允许多个参与方协作训练模型，同时保持数据的隐私和安全。然而，联邦学习系统可能会遇到拜占庭问题，即参与方可能出于恶意目的或者因为发生故障，提交错误或有害的信息，拜占庭问题的存在威胁到了模型的完整性和联邦学习的可靠性。为了解决拜占庭问题，研究人员开发了拜占庭容错（BFT）算法等多种算法，这些算法能够在检测和排除恶意行为的同时，保护模型训练过程不受拜占庭节点的影响。

6.1 联邦学习的安全威胁

联邦学习中的拜占庭问题起源于经典的拜占庭将军问题，这是分布式系统领域的一个核心问题。拜占庭将军问题最早由 Lamport 等[139] 在 1982 年提出，用来描述多个分布式系统节点（将军）之间如何在存在恶意或故障节点的情况下达成一致的决策。在这一问题中，其假设某些将军可能是叛徒，他们故意提供虚假或不一致的信息，而其他诚实的将军必须通过可靠的通信机制做出统一的决策，从而避免全军溃败。拜占庭将军问题的关键在于，系统中的参与者必须在存在恶意参与者的情况下，仍能保证达成正确的决策。

6.1.1 常见的联邦学习安全问题

联邦学习作为一种分布式训练方法尽管避免了集中式数据存储的隐患，但其分布式架构暴露于多种安全威胁中，尤其是在恶意客户端的参与下，这些威胁可能对全局模型的训练过程和性能产生严重破坏。其中最为显著的威胁是拜占庭攻击。在这种攻击中，恶意客户端通过上传精心设计的恶意参数或梯度，意图扰乱模型的正常更新。这些攻击可能表现为注入随机噪声、伪造具有偏向性的梯度，或通过多客户端协作实施系统性破坏，使模型的训练方向偏离预期目标。为应对这一威胁，研究人员提出了鲁棒聚合算法，通过过滤异常更新或调整聚合规则来减轻攻击影响。此外，基于异常检测的方法也被广泛研究，用以识别和剔除可疑的上传参数。然而，复杂的拜占庭攻击模式仍然是当前研究的难点之一。

除了干扰模型的训练过程外，攻击者还可能通过模型中毒攻击植入后门或引入偏置，使模型在特定条件下表现异常。这类攻击常采用伪造数据或篡改本地训练过程的方式，在全局模型中嵌入恶意行为。例如，通过在训练数据中引入后门触发器，攻击者能够使模型在正常情况下保持高性能，但在触发特定条件时产生错误预测。模型中毒攻击的隐蔽性使其难以检测，因此研究人员提出了参数正则化和动态聚合策略等方法，希望通过限制模型参数的变化范围或动态调整客户端权重来缓解这类威胁。然而，这些方法在实际部署中仍面临效率与防御效果的权衡问题。

联邦学习的分布式通信依赖客户端与服务器之间的频繁交互，这也为攻击者提供了可乘之机。通信中断攻击和重放攻击是两种常见形式。攻击者可以通过网络攻击阻断正常的参数传输，导致全局模型更新延迟甚至失败，或者捕获客户端历史上传的参数并进行重放，从而制造一致性问题。为应对这些威胁，研究人员建议在联邦学习框架中引入安全通信协议，并通过时间戳和序列验证来防止数据被重放。然而，在保障通信安全的同时，也可能增加系统的计算与通信开销，这对资源受限的场景提出了额外的挑战。

另一类值得关注的威胁是自私客户端攻击。在这种情况下，恶意客户端试图通过伪造参数跳过本地训练环节，从而获取全局模型的收益，而不承担相应的计算成本。这种行为不仅影响系统的公平性，还可能间接削弱全局模型的性能。为应对此类问题，联邦学习系统需要设计有效的验证机制，确保客户端提交的模型更新来源于实际训练过程。同时，通过评估客户端对模型改进的实际贡献，并根据贡献度调整其权重分配，可以有效遏制自私行为。

最后，联邦学习中还可能遭遇来自服务器的安全威胁。在传统的联邦学习架构中，服务器通常扮演协调和聚合的核心角色，一旦服务器被攻击或被恶意控制，其对系统的破坏将是毁灭性的。例如，攻击者可以通过操纵聚合规则或篡改全局模型分发内容，诱导客户端执行错误的训练操作。为防范这一风险，研究人员提出了去中心化的联邦学习架构，例如引入区块链技术，通过分布式共识机制减少对单一服务器的依赖。同时，客户端也可以对接收到的全局模型进行一致性验证，以确保其未被篡改。

6.1.2　拜占庭攻击

在联邦学习常见的安全问题中，拜占庭攻击是最为显著的安全威胁。拜占庭攻击是指恶意客户端或服务器以不诚实或故意破坏的方式参与训练过程，从而影响全局模型的性能或使模型训练失败。根据攻击方式的不同，拜占庭攻击可以分为以下三类。

（1）数据投毒攻击：数据投毒是拜占庭攻击中最常见的形式之一，攻击者通过注入恶意的训练数据来影响模型的训练。例如，攻击者可能通过故意标注错误的数据使得模型在某些特定任务上表现不佳。一个典型的案例是攻击者在图像分类任务中将"猫"的图像错误标注为"狗"，这种数据污染会使模型误分类。此外，攻击者也可以通过生成对抗样本来增加模型的泛化误差[140]。

（2）模型投毒攻击：与数据投毒不同，模型投毒攻击直接针对模型更新进行操控。恶意客户端在本地训练时故意修改模型的梯度或权重更新，以破坏全局模型的训练。例如，攻击者可以故意发送被放大或缩小的梯度更新，使得全局模型参数偏向某些特定方向，导致模型性能显著下降。这类攻击难以检测，因为恶意客户端的行为在模型训练过程中可能并不显著偏离正常的客户端行为[141]。

（3）恶意客户端：除了数据和模型投毒，恶意客户端还可能通过其他方式干扰联邦学习过程。例如，恶意客户端可以不遵循协议，故意延迟或伪造模型更新。更有甚者，恶意客户端还可以通过操纵通信，导致全局服务器在不同时间接收到不一致的更新数据，影响模型收敛[59]。

拜占庭攻击的复杂性不仅体现在攻击策略的多样性，还体现在其隐蔽性和破坏性上。攻击者可以通过结合多种策略，使得检测更加困难。例如，攻击者可以在多个回合内逐步修改模型更新，以避免一次性引起系统警觉。此外，随着联邦学习的规模和异质性增加，恶意客户端行为与正常客户端行为之间的界限变得更加模糊，进一步增加了防御的难度。

6.1.3　联邦学习与传统分布式学习中的安全问题对比

与传统的集中式和分布式学习相比，联邦学习的安全问题更加复杂和多样化。这种复杂性源于联邦学习独特的去中心化架构和对隐私保护的高度重视，而这些特性既是优势也是安全风险的来源。

在传统的集中式学习中所有数据通常会被上传到中央服务器进行统一存储和处理。这种架构使得系统能够对数据和模型的安全性实施全局控制，服务器可以轻松运行各种异常检测算法以监控恶意行为或异常数据。例如，基于集中数据的检测方法可以有效识别异常模式或篡改行为；此外，通过日志分析，服务器还可以监控节点的操作历史，从而对潜在的威胁进行快速响应[18]。然而，这种集中化也使系统成为单点攻击的目标，一旦服务器遭受攻击或被入侵，所有数据和模型信息都可能被窃取或篡改。

相比之下，联邦学习的去中心化架构通过将数据保留在客户端本地，显著减少了集中式学习中的单点攻击风险。但与此同时，去中心化也削弱了服务器对系统的全面控制，导致恶意客户端或协同攻击变得更难检测。在联邦学习中，服务器只接收客户端上传的模型更新而非原始数据，因此无法直接验证这些更新的真实性或一致性。这种限制为攻击者创造了更大的操作空间，尤其是在拜占庭攻击中恶意客户端可以通过上传精心设计的梯度扰乱全局模型的更新。

此外，联邦学习中的非独立同分布数据分布进一步加剧了安全挑战。在传统分布式学习中节点之间的数据通常被假设为独立同分布，这使得服务器能够轻松识别异常更新。但在联邦学习中不同客户端的数据可能具有显著差异，这种数据异质性使得服务器难以区分恶意攻击导致的异常更新和数据分布差异引起的正常变化[33]。攻击者可以利用这一点使其恶意行为伪装成非独立同分布数据分布引起的正常波动，从而逃避检测。

传统分布式学习中的安全问题通常集中在防御单点故障和保障数据传输安全上。通过冗余节点、容错机制和加密技术，分布式学习可以有效降低系统的失效风险。然而，联邦学习的安全问题更加复杂，其主要挑战在于防御恶意客户端的协同攻击。例如，在模型中毒攻击中多个恶意客户端可能合作，通过上传经过精心设计的更新在全局模型中嵌入后门。这种协调一致的攻击能够绕过简单的容错机制，使得系统陷入困境。此外，联邦学习中的通信攻击也更为隐蔽，例如攻击者可以通过重放攻击或伪造参数扰乱训练过程，而服务器在没有数据验证的情况下难以及时发现。

由于联邦学习的安全威胁更加复杂，传统的分布式学习防御机制难以直接适用，联邦学习需要专门设计的拜占庭容错算法和聚合策略。例如，鲁棒聚合方法能够过滤恶意更新，但其在应对非独立同分布数据和复杂攻击模式时仍有局限性。此外，联邦学习还需要结合安全通信协议、异常检测算法以及客户端贡献评估等多种机制，才能全面应对其面临的多样化威胁。

综上所述，与传统的集中式和分布式学习相比，联邦学习中的安全挑战更加复杂，其威胁不仅来源于去中心化架构和数据异质性，还体现在攻击者的行为难以监控和防御。这种复杂性要求研究人员在算法设计和系统开发中更注重安全性和鲁棒性，为联邦学习在实际场景中的广泛应用提供可靠保障。

6.2 拜占庭攻击策略

在联邦学习中，拜占庭攻击是恶意参与者通过伪造或篡改数据和模型更新，破坏全局模型性能的行为。这类攻击在分布式系统中极具破坏性，且由于联邦学习的去中心化和异质性，检测和防御拜占庭攻击变得尤为困难。拜占庭攻击策略多种多样，从简单的随机攻击到精心设计的模型投毒攻击，每种策略都会对模型性能产生不同的影响，并带来潜在危害。

6.2.1 随机攻击

在联邦学习中，拜占庭随机攻击是一种简单但有效的攻击形式。其核心思想是恶意客户端通过上传随机生成的模型参数或梯度更新来扰乱全局模型的正常训练过程。这种攻击无须了解全局模型的具体结构或其他客户端的行为，攻击者只需在本地生成完全随机的梯度或在原始梯度上叠加随机噪声，即可造成干扰。这种随机性使攻击行为难以预测，同时由于其实施成本低，适用于单一攻击者或资源受限的攻击者。

随机攻击的破坏性主要来自梯度更新的随机性与高幅度干扰。联邦学习依赖多客户端的协同训练，而梯度更新是模型优化的核心。随机攻击通过在全局梯度更新中引入极大的波动，使得优化方向偏离正确路径，进而严重影响模型的收敛性和性能。

随机攻击的主要特点在于其简单性和广泛破坏性。首先，随机攻击的实施不需要攻击者对全局模型的训练流程有深入了解，甚至无须访问任何训练数据。因此，这种攻击对攻击者的技术门槛较低。其次，随机攻击具有广泛性，即无论联邦学习的系统架构如何，只要恶意客户端能上传参数更新，随机攻击都可以对全局模型产生干扰。此外，随机攻击的效果往往取决于攻击者的比例，当恶意客户端占比较低时，随机噪声的影响被正常客户端的更新所稀释；而当攻击者比例较高时，随机攻击导致全局模型的训练完全崩溃。

与更复杂的攻击方式相比，随机攻击的隐蔽性较低，因为其上传的梯度与正常客户端相比通常显得异常。然而，在非独立同分布数据环境下，正常客户端的梯度更新可能自然存在较大的差异性，这为随机攻击提供了一定的伪装空间，使其行为与正常梯度难以区分。

随机攻击对联邦学习系统的影响主要体现在三方面。

（1）收敛性问题。随机攻击对全局模型的最直接影响是破坏其收敛性。联邦学习中的模型优化依赖多轮迭代中的梯度累积与更新，当部分梯度被随机噪声干扰后，全局模型的优化路径偏离正确方向，导致收敛速度显著降低，甚至完全失效。这种效果在恶意客户端占比较高时尤为显著，攻击者上传的随机梯度完全覆盖正常客户端的更新贡献，使全局模型在训练中陷入振荡或发散。

（2）模型性能退化。即便模型在一定条件下能够勉强收敛，随机梯度的干扰也会显著降低全局模型在测试数据上的性能。这是因为随机噪声的影响使得模型无法对训练数据进行有效拟合，导致最终模型的泛化能力不足。此外，模型对目标任务的表现出现异常，比如预测结果偏差增大或对特定类别的识别率显著降低。

（3）随机攻击会导致训练迭代中的大部分计算和通信资源无效。恶意客户端上传的随机梯度不仅影响全局模型更新，还导致其他客户端的本地训练结果被抵消，增加了系统的总体计算成本。同时，过多的迭代尝试导致训练时间延长，尤其在资源受限的分布式环境中，这种资源浪费会进一步扩大系统的不稳定性。

随机攻击作为拜占庭攻击的基础形式，以其简单性和高效性成为联邦学习系统中一种常见的威胁。这种攻击通过引入随机噪声破坏全局模型的训练过程，不仅影响模型的收敛性和性能，还造成系统资源的大量浪费。尽管随机攻击在隐蔽性上不及更复杂的攻击形式，但其破坏力在恶意客户端比例较高时尤为显著。此外，非独立同分布数据分布为随机攻击提供了一定的伪装条件，使其在实际场景中更难被检测和防御。随机攻击的存在凸显了联邦学习系统在面对恶意客户端时的脆弱性，也为研究人员进一步提升联邦学习的鲁棒性提出了重要挑战。

6.2.2 恶意客户端的攻击

联邦学习中的恶意客户端拜占庭攻击是一种复杂且针对性更强的攻击形式，攻击者的目标不再仅仅是通过随机行为扰乱全局模型的训练，而是通过精心设计的恶意更新以实现更隐蔽、更有效的破坏。这类攻击通常由拥有较高计算资源和对系统有一定了解的攻击者实施，具有更强的针对性和隐蔽性。与随机攻击相比，恶意客户端拜占庭攻击通常以明确的破坏目标为导向，精心构造上传的模型参数或梯度，使其在全局模型中产生深远影响。这种攻击不仅可以破坏模型的正常训练过程，还可以通过恶意行为引入特定的偏差或后门，从而在全局模型中植入攻击者意图。

恶意客户端的攻击主要有如下四种表现形式。

（1）攻击者通过修改上传的梯度方向，使全局模型在优化过程中偏离正确路径。例如，攻击者可以通过构造与全局梯度方向相反的梯度上传，使模型在训练过程中"逆向更新"，从而显著影响模型的收敛速度或训练结果。

（2）恶意客户端通过在本地训练中注入特定的恶意样本（如带有触发器的后门样本），并上传经过中毒处理的模型更新。全局模型在聚合这些更新后表现出良好的总体性能，但当输入触发条件时，模型会产生攻击者预期的错误行为。这种攻击隐蔽性极高，且对系统的长期性能有深远影响。

（3）多个恶意客户端联合实施拜占庭攻击，通过协作上传高度一致的恶意更新，进一步增加攻击效果。例如，攻击者可以设计一组恶意梯度，使得这些梯度在全局聚合时不会被视为异常，同时依然对模型的性能造成破坏。

（4）与随机攻击的无差别破坏不同，恶意客户端拜占庭攻击往往具有明确的目标。例如，攻击者可以针对某一特定类别的数据进行破坏，导致全局模型在该类别上的分类性能显著下降，而对其他类别保持正常表现，从而掩盖攻击行为。

一个典型的精心设计攻击是恶意客户端根据全局模型的弱点有针对性地调整其更新。例如，如果攻击者发现全局模型对某些特定类别的预测精度较低，那么攻击者可以通过在本地数据中引入额外的对抗样本或故意训练错误模型，从而进一步降低全局模型在该类别上的性能。精心设计的攻击不仅更具隐蔽性，还通过协同攻击，在多个恶意客户端之间协调一致地进行模型更新，放大攻击效果。

相较于随机攻击，恶意客户端拜占庭攻击的复杂性和破坏力显著更高。随机攻击的核心在于通过简单的随机噪声扰乱训练过程，而恶意客户端拜占庭攻击通过精心设计的更新对全局模型施加更深远的影响。随机攻击通常具有低隐蔽性且易被检测；而恶意客户端拜占庭攻击通过伪装和协作行为，能够在系统中长期隐匿。此外，随机攻击的影响主要体现在训练效率的下降和资源浪费上；而恶意客户端拜占庭攻击导致系统的整体失效，甚至威胁模型在实际应用中的可靠性。

随机攻击实施成本较低，效果通常受限于恶意客户端的比例和系统防御机制；而恶意客户端拜占庭攻击的破坏范围和后果往往更具深度，其目标明确且后果严重，因此在联邦学习安全研究中被视为更难对付的问题。

6.2.3 模型性能的影响及潜在危害

拜占庭攻击对模型性能的影响多种多样，具体表现取决于攻击的类型、强度以及攻击者采用的策略。随机攻击通常是最简单的形式，恶意客户端通过上传梯度注入随机噪声或上传完全随机的模型参数来扰乱全局模型的更新。这种攻击的影响通常是短暂的，因为随机噪声的干扰在后续的训练过程中被正常客户端上传的梯度逐渐稀释。然而，当恶意客户端比例较高时，随机攻击会导致模型在优化过程中长期偏离正确的收敛路径，甚至导致模型发散，无法完成训练。

相比之下，精心设计的攻击，如方向性梯度干扰或目标导向的攻击，对模型性能的破坏更加致命。这类攻击通过分析全局梯度的分布特性，构造出看似正常但具有破坏性的更新，从而逃过异常检测机制，同时对全局模型施加显著的影响。例如，在方向性攻击中，恶意客户端上传的梯度与全局模型的优化方向完全相反，使模型的更新过程逐渐偏离正确路径，导致收敛速度显著降低或最终无法收敛。此外，攻击者还可以通过对特定类别的数据注入有意的梯度偏差，导致模型在这些类别上的性能显著恶化，而在其他类别上保持正常表现。这种隐蔽的攻击方式不仅破坏了模型的整体性能，还导致决策的严重偏差。

最具有威胁性的当属模型投毒攻击。攻击者通过逐轮上传恶意更新，累积细微的偏差，从而逐渐使全局模型偏离正常状态。例如，恶意客户端可以在本地训练数据中加入精心设计的恶意样本，通过上传投毒后的模型参数，将后门嵌入全局模型中。这种累积效应使得模型偏差无法轻易被察觉，最终在某些特定输入条件下触发后门行为，导致模型在特定任务上性能崩溃。例如，在图像分类任务中，攻击者可以通过引入特定触发器（如特定图案或颜色）让模型对某类别数据产生错误预测，从而破坏系统的可靠性。

拜占庭攻击对模型性能的危害不仅体现在预测准确性的下降，还引发更广泛的安全和隐私问题，尤其是在敏感领域的应用中。例如，在金融、医疗等高风险行业中，模型投毒攻击的后果极为严重。攻击者可以在金融交易系统中植入后门模型，使系统在处理特定交易时错误地标记为安全，从而助长欺诈行为。在医疗诊断系统中，攻击者可以通过改变模型对特定病症的识别能力，导致误诊或漏诊，这直接威胁患者生命安全。

此外，拜占庭攻击还引发用户信任危机和系统责任问题。当联邦学习系统频繁遭受攻击并导致性能下降时，用户会对系统的安全性和可靠性产生怀疑，进而减少对人工智能应用的信任。这在依赖高质量模型的公共服务中尤其明显，例如智能交通系统或智能电网，一旦受到攻击并出现错误决策，其后果是大规模的社会混乱甚至公共安全事故。

由于联邦学习通常应用于大规模分布式系统（如物联网、智能手机网络等），拜占庭攻击的影响范围极为广泛。恶意客户端在这些场景中分布在数百万甚至数亿台设备上，攻击行为的同步执行会进一步放大其破坏效果。例如，在物联网环境中，恶意设备通过上传恶意更新使模型的预测能力整体下降，从而影响所有连接设备的服务质量。在智能手机场景中，攻击者通过操控少量恶意设备，间接影响所有用户的语音助手、推荐系统等功能，导致用户体验全面下降。

更严重的是，攻击者可以利用模型投毒攻击制造长期隐患。即使在训练结束后，全局模型中的后门仍然存在，且不会轻易被发现。在实际部署阶段，当模型处理特定输入条件时，攻击者可以远程激活后门功能，从而对系统实施进一步破坏。例如，在智能城市应用中，攻击者通过触发后门让交通管理系统误导车流分布，从而制造交通堵塞甚至交通事故。

6.3 拜占庭防御机制

拜占庭防御算法可以根据不同的防御策略进行分类。这些算法的共同目标是确保在联邦学习环境下，即使存在恶意客户端，模型仍然能够保持鲁棒性。接下来将详细介绍各种拜占庭防御方法。

6.3.1 基于冗余的防御方法

1. 剔除异常更新的鲁棒聚合方法

鲁棒聚合方法的核心思想是通过剔除来自恶意客户端的异常更新，减少其对全局模型的负面影响。具体来说，这类方法通过对所有客户端的更新进行统计分析，选择中间部分的更新进行聚合，而忽略过大或过小的异常更新。这种方法假设大多数客户端是诚实的，恶意客户端的数量相对较少。

该方法的优势在于简单易实现，且无须依赖任何外部信息，如客户端的信誉或行为记录。然而，鲁棒聚合方法在面对高度异构的数据时可能表现不佳，因为某些诚实客户端的更新与其他客户端的更新存在显著差异，这些更新会被错误地认为是恶意更新。

2. Trimmed Mean 机制

Trimmed Mean 机制是鲁棒聚合方法的一种改进。其工作原理是首先对所有客户端的更新进行排序，然后移除最小和最大的若干更新，最后对剩下的更新求均值。假设有 n 个客户端，其中 f 个客户端是拜占庭客户端，Trimmed Mean 机制会去掉两端 f 个更新。

Trimmed Mean 机制的优点在于能够有效抵御极端更新，避免单个恶意客户端的更新对全局模型产生过大的影响。它在集中数据分布的情况下表现良好。然而，当数据分布严重异构时，某些诚实客户端的更新会被误删，影响全局模型的精确度。

3. Median 机制

Median 机制是一种更加鲁棒的聚合方法。与 Trimmed Mean 不同的是，Median 机制通过计算客户端更新的中位数，而不是去除极端值。由于中位数本身具有极强的鲁棒性，即使存在少量恶意客户端提交极端更新，这些异常更新也不会显著影响最终的聚合结果。

该机制的主要优势在于它不依赖客户端数量和恶意客户端的比例，对数据的集中性要求较低。因此，即使在异构性较高的场景中，Median 机制也能保持较好的聚合效果。然而，Median 机制在高维度空间中计算效率较低，特别是在处理复杂模型更新时。

4. Krum 算法

Krum 算法是一种经典且广泛应用的拜占庭鲁棒聚合算法。其基本思想是选择与大多数客户端更新最接近的更新，从而过滤掉异常的、来自恶意客户端的更新。具体来说，Krum 算法首先计算每个客户端更新与其他所有客户端更新之间的欧几里得距离，然后选择距离总和最小的更新作为全局模型的更新。

Krum 算法的优势在于它能够在少量拜占庭客户端存在的情况下，保证模型的准确性和鲁棒性。然而，Krum 算法在高维空间中计算开销较大，且在恶意客户端数量较多时（接近半数）表现不佳。

6.3.2 基于信誉评分的防御方法

1. 客户端信誉的动态分配

基于信誉的防御方法通过为每个客户端分配信誉评分，根据其历史表现动态调整其在全局模型更新中的权重。每个客户端的信誉评分在训练过程中不断更新，信誉分数较高的客户端会对全局模型的更新产生更大的影响，而信誉分数较低的客户端更新权重较小，甚至可能被忽略。

信誉动态分配机制的优势在于它能够逐渐识别出恶意客户端，并通过降低其权重来减少其影响力。同时，它能够动态适应客户端的行为变化，适应长期的联邦学习过程。然而，设定一个合适的信誉评分机制较为复杂，尤其是在面对高度异构的客户端时，需要仔细设计信誉评分的评估标准。

2. 信誉权重调整

信誉权重调整是一种基于客户端历史行为的防御机制。它的基本思想是根据每个客户端在过去几轮中的表现，调整其当前轮次中的权重。通常，如果某个客户端的更新与大多数客户端的更新方向一致，且在验证集上表现较好，其权重会增加；如果客户端更新的表现不佳，那么其权重将被降低。

该方法能够有效防止恶意客户端对全局模型的长期影响，并且允许诚实客户端在误判的情况下逐渐恢复其影响力。然而，信誉权重调整在设计时需要平衡灵敏度和稳定性，以避免频繁的权重波动影响系统的收敛性。

6.3.3 基于投票的防御方法

1. 多数投票策略

多数投票策略通过简单的统计方法决定全局模型的更新方向。具体来说，系统会统计所有客户端提交的更新，选择其中占多数的更新方向作为全局模型的最终更新。该方法假设大多数客户端是诚实的，因此恶意客户端的少数更新将被自动忽略。

该策略的优点在于其实现简单、计算开销低，适合在大规模的联邦学习场景中使用。然而，假设大多数客户端是诚实的前提条件限制了其应用范围，在某些复杂场景中拜占庭客户端的比例过高，使得多数投票策略失效。

2. 分数投票策略

分数投票策略是多数投票策略的扩展，考虑了客户端的信誉评分或其他额外的准则。每个客户端的投票权重根据其表现或其他特定条件进行调整,信誉高的客户端拥有更大的投票权重,信誉低的客户端则影响力较小。

分数投票策略提高了系统的鲁棒性,因为它不仅依赖简单的数量统计,还结合了客户端的历史行为来分配影响力。然而,这种方法也增加了实现的复杂性,并且在高度异构的数据分布下,如何合理分配权重仍然是一个挑战。

6.3.4 基于验证的防御方法

1. 使用验证集检测拜占庭攻击

基于验证的防御方法通过引入一个独立的验证集,用来评估客户端提交的更新。若某个客户端的更新在验证集上的表现显著差于其他客户端,则认为该客户端是拜占庭客户端。验证集能够为系统提供额外的信息,从而更好地判断哪些更新是恶意的。

这种方法的主要优势在于其直观性和有效性。通过验证集,可以直接检测出对全局模型有害的更新。然而,验证集的选择和维护较为复杂,特别是在面对异构数据的场景时,验证集的表现不一定能反映所有客户端的数据分布。

2. 交叉验证方法

交叉验证方法是一种更加复杂的基于验证集的防御策略。在交叉验证中,不同客户端之间会互相验证彼此的更新,而不是仅依赖一个固定的验证集。每个客户端使用自己的本地数据对其他客户端的更新进行测试,并将结果反馈给服务器。

交叉验证的优势在于它能够利用客户端之间的多样性提供更加全面的验证结果,尤其是在数据异构性较大的场景下。然而,该方法增加了通信开销和计算复杂度,需要在实际系统中权衡其应用效果。

6.3.5 基于对抗训练的防御方法

对抗训练是一种通过引入对抗样本来提高模型鲁棒性的技术。在联邦学习中,对抗训练可以用于检测客户端的恶意行为。具体来说,系统会生成一组对抗样本,这些样本被设计为能够引发模型产生错误预测的特殊输入。通过测试客户端更新在对抗样本上的表现,可以识别出提交恶意更新的客户端。

对抗训练方法的优势在于其能够主动提高系统的鲁棒性,使得模型可以应对来自恶意客户端的复杂攻击。然而,对抗训练的实现和计算成本较高,生成有效的对抗样本需要额外的资源,并且对抗样本的选择也直接影响防御效果。

综上所述,各种拜占庭防御方法在不同场景下各有优缺点,实际系统中常会结合多种防御策略以实现更强的鲁棒性。随着联邦学习的发展，拜占庭防御算法也在不断演进。实际系统中往往需要结合多种防御策略提高系统的鲁棒性和适应性。例如，将基于冗余的防御方法与基于信誉的机制结合使用，能够在剔除异常更新的同时，动态调整客户端的权重；而基于验证的方法则可以作为额外的保障，防止误判或误聚合恶意更新。

在这些防御方法中，鲁棒聚合和信誉评分方法计算成本较低，在实践中应用广泛；对抗训练和交叉验证等方法则更适合在面对复杂攻击场景时使用。对于未来的研究方向，如何在不显著增加计算和通信开销的情况下，进一步提高拜占庭防御算法的鲁棒性，仍然是一个重要的开放性问题。

6.4 拜占庭攻击与防御的具体案例和策略

6.4.1 拜占庭将军问题与拜占庭容错算法

拜占庭将军问题的挑战在于通信的不可靠性和恶意节点的多样性。恶意节点可以发送矛盾或虚假的信息，试图破坏忠诚节点之间的一致性。此外，由于分布式系统中的节点无法直接通信，信息需要通过多跳传播，这增加了达成一致的难度。Lamport 等通过理论证明，要解决拜占庭问题，系统中的节点数量 n 和恶意节点数量 f 必须满足以下条件：

$$n \geqslant 3f + 1 \tag{6.1}$$

换句话说，当恶意节点的比例超过系统总节点的三分之一时，一致性问题无法解决。

拜占庭容错（BFT）算法旨在解决拜占庭将军问题，确保在存在恶意节点的情况下分布式系统仍然能够达成一致。拜占庭容错算法的核心思想是通过冗余机制和多轮验证使正常节点能够共享一致的视图，并避免恶意节点的干扰。

拜占庭容错算法通常包含以下四个关键步骤：

（1）信息广播：发送者节点（如拜占庭问题中的指挥官）向所有参与节点广播一条消息。每个接收节点将消息记录，并标记其来源。

（2）信息验证：每个节点对接收到的消息进行验证。例如，可以使用数字签名验证消息的真实性或检查消息是否符合预期规则。

（3）信息传播：每个节点将自己接收到的验证通过的消息再次广播给其他节点，以便建立全局视图。这种多轮信息传播能够确保正常节点之间共享一致的信息。

（4）达成共识：所有节点根据收到的信息，通过预定义的共识规则（如多数投票或加权决策）决定最终的共识结果。通常，只有当某一条消息获得超过 $2f+1$ 个节点的同意时，才会被接受为一致性决策。

常见的拜占庭容错算法及其特点。

（1）拜占庭容错共识（PBFT）算法[142]：PBFT 算法是一种经典的拜占庭容错算法，适用于小规模分布式系统。PBFT 算法分为三个阶段：预准备阶段，主节点向所有副本节点广播初始消息；准备阶段，每个副本节点验证主节点的消息，并将验证结果广播给其他节点；提交阶段，所有节点根据多数投票规则，确认是否接受该消息。PBFT 能容忍最多 $f = \lfloor (n-1)/3 \rfloor$ 个恶意节点，但其通信复杂度为 $O(n^2)$，在大规模系统中效率较低。

（2）HotStuff 算法[143]：HotStuff 算法是一种改进的 BFT 算法，专为区块链和大规模分布式系统设计。与 PBFT 算法相比，HotStuff 算法减少了通信轮数，优化了延迟性能，并提升了系统的可扩展性。它通过流水线化处理共识过程，使得多个阶段可以并行进行，从而显著提高了效率。

（3）其他变种：如 Byzantine Paxos 和 Raft 的拜占庭版本，通过引入消息签名和加密验证机制，使得这些传统一致性算法能够在拜占庭环境下运行。

拜占庭容错算法被广泛应用于需要高安全性和高可靠性的分布式系统中，例如区块链、分布式数据库、航空航天控制系统以及物联网等场景。BFT 算法在区块链中用于保证去中心化网络中的一致性，在分布式数据库中用于确保多副本数据的一致性，在航空航天系统中用于容忍硬件或软件故障及保障系统的稳定性。

拜占庭容错算法也存在一定的局限性：首先，其通信开销较高，尤其是在 PBFT 算法中，节点之间的通信复杂度为 $O(n^2)$，这使得算法在超大规模系统中效率较低；其次，BFT 算法的容错能力有限，当恶意节点数量超过系统节点总数的三分之一时，算法无法正常运行（见式 (6.1)）；最后，随着系统规模扩大，算法的设计和实现复杂度也随之增加，例如需要更复杂的异常检测机制和更高效的加密技术支持。

拜占庭将军问题与拜占庭容错算法是分布式系统一致性领域的重要理论与技术基础。通过设计精巧的协议，BFT 算法在存在恶意节点的情况下确保了系统的一致性。然而，随着分布式系统规模的不断扩大，对 BFT 算法进行优化以降低通信开销、提升可扩展性和增强容错能力，仍然是一个重要的研究方向。

6.4.2　带有对手的机器学习：拜占庭容错的随机梯度下降

在分布式机器学习中，梯度下降（Gradient Descent, GD）法是最常用的优化方法。然而，在分布式场景下训练过程需要多个客户端协同进行。每个客户端计算本地梯度后，将其上传到中央服务器，服务器通过聚合这些梯度来更新全局模型。然而，当系统中存在恶意节点时，这些节点可能会上传错误甚至刻意伪造的梯度，从而干扰模型的更新。为了应对这一挑战，研究人员提出了一系列抗拜占庭容错梯度下降（Byzantine Tolerant Gradient Descent, BTGD）算法，使得分布式系统在恶意节点存在的情况下仍然能够实现鲁棒的训练效果。本节主要介绍该研究方向中的一项重要工作：*Machine Learning with Adversaries: Byzantine Tolerant Gradient Descent* [144]。

文献 [144] 研究了分布式随机梯度下降（SGD）对拜占庭故障的鲁棒性。先前，大多数分布式机器学习框架对故障，尤其是任意（拜占庭）故障的可能性几乎没有考虑。故障的原因包括软件漏洞、网络异步、局部数据集的偏差以及攻击者试图破坏整个系统。在假设 n 个工作节点中最多有 f 个是拜占庭的情况下，探讨了 SGD 能在多大程度上保持鲁棒性，而不限制参数空间的维度或大小。作者首先证明了基于线性组合的现有梯度聚合规则无法容忍一个拜占庭故障；然后，提出了一种新的聚合规则 Krum，并证明其是第一个对分布式 SGD 具有拜占庭容错的算法，同时也报告了 Krum 的实验评估结果。

随着可用数据量的增加，以及机器学习模型复杂性的增长，现在的学习方案需要大量的计算资源。因此，大多数工业级机器学习实现现在都是分布式的。例如，截至 2012 年，谷歌 reportedly 使用了 16000 个处理器来训练一个图像分类器。最近，人们越来越关注联邦学习和联邦优化环境，尤其是通信效率。然而，将计算分配到多个机器（工作节点）会导致更高的故障风险。故障包括崩溃、计算错误、进程停滞、数据样本分布中的偏差，更糟糕的是攻击者试图破坏整个系统。最鲁棒的系统是能够容忍拜占庭故障的，即某些进程可能表现出完全任意的行为。

拜占庭攻击的挑战主要体现在以下三方面：

（1）恶意节点的不可预测性。恶意节点可能上传随机噪声梯度、有偏向的梯度，甚至与其他恶意节点协同上传一致的恶意梯度。

（2）正常梯度的异质性。在非独立同分布数据场景下，不同客户端计算的本地梯度可能天然存在显著差异，这增加了区分恶意梯度和正常梯度的难度。

（3）通信限制。在大规模分布式系统中，通信资源有限，复杂的防御机制会导致不可接受的通信开销。

这项工作提出了一种基于鲁棒聚合的抗拜占庭容错梯度下降算法（图 6.1）。其核心思想是通过设计鲁棒的梯度聚合规则，降低恶意梯度对全局模型更新的影响。相比传统的均值聚合，鲁棒聚合算法能够有效过滤掉异常梯度，确保全局模型的更新方向接近真实梯度。

假设系统中有 n 个客户端，其中最多 f 个客户端是恶意的。在每一轮迭代中，

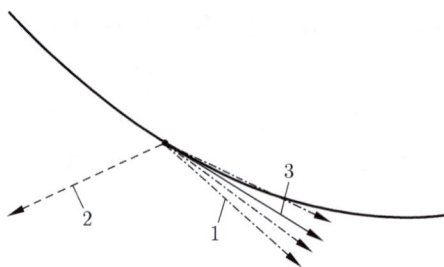

图 6.1　梯度对比图

1–正确工作节点梯度；2–拜占庭节点梯度；3–实际梯度

服务器从各客户端接收到局部梯度 $g_1, g_2, \cdots, g_n$。传统的均值聚合方式计算全局梯度为

$$\bar{g} = \frac{1}{n} \sum_{i=1}^{n} g_i \tag{6.2}$$

然而，这种方式容易受到恶意梯度的干扰。例如，如果某些恶意客户端上传极端值，均值会被严重拉偏。

鲁棒聚合算法通过以下方法改进：

（1）Trimmed Mean：对每个维度上的梯度值，剔除最大和最小的 f 个值，然后计算剩余梯度的均值，即

$$\text{Trimmed Mean}: \quad \bar{g}_j = \frac{1}{n - 2f} \sum_{i \in S} g_{i,j} \tag{6.3}$$

式中：$g_{i,j}$ 为第 i 个客户端上传的梯度在第 j 个维度上的值；S 为剔除最大和最小值后剩下的索引集合。

（2）Median：对每个维度的梯度值计算中位数作为聚合结果，即

$$\text{Median}: \quad \bar{g}_j = \text{Median}(g_{1,j}, g_{2,j}, \cdots, g_{n,j}) \tag{6.4}$$

中位数聚合算法对极端值的鲁棒性更强，能够显著减弱恶意梯度的影响。

（3）Krum：Krum 算法选择一个与其他梯度最接近的梯度作为聚合结果。具体地，对于每个客户端的梯度 g_i，计算其与其他梯度的欧几里得距离，并选出距离最小的 $n - f - 2$ 个梯度的总和作为评分，即

$$\text{Score}(g_i) = \sum_{j \in \text{Top-}(n-f-2)} \|g_i - g_j\|^2 \tag{6.5}$$

选择评分最低的梯度 g_i 作为全局更新方向。

作者通过理论分析和实验验证了鲁棒聚合算法的有效性。在仿真环境中，实验显示，当恶意节点比例较高时，鲁棒聚合算法能够显著降低模型性能的劣化程度。特别是在非独立同分布数据场景下，传统的均值聚合方法表现不佳，而 Trimmed Mean、Median 和 Krum 等算法可以有效地缓解恶意梯度的影响，使模型收敛性和最终性能得到保障。

对于垃圾邮件过滤任务，使用的学习模型是具有两层隐藏层的多层感知机（MLP）。共有 $n = 20$ 个工作节点，其中拜占庭节点提出的向量是从均值为 0、协方差矩阵为 200 的各向同性高斯分布中抽取的。这种行为称为高斯拜占庭行为。每个正确的工作节点在一个小批量样本上估计梯度，批量大小为 3。通过交叉验证来测量误差。图 6.2 展示了误差随轮次的变化情况。

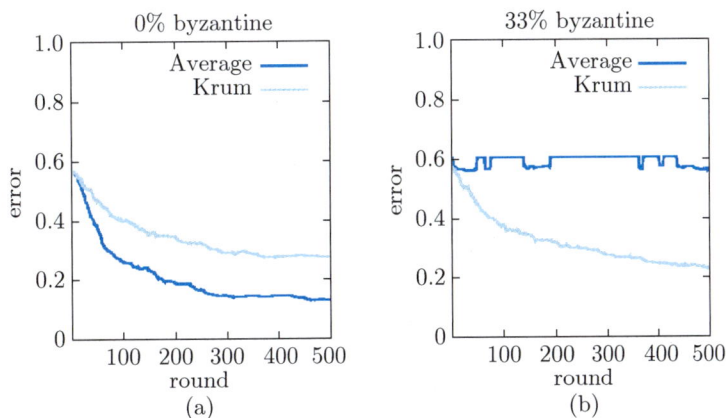

图 6.2 **Krum** 算法试验结果

在图 6.2(a) 中没有拜占庭节点。毫无疑问，平均值算法比 Krum 算法收敛得更快。在图 6.2(b) 中，33% 的工作节点是高斯拜占庭节点。在这种情况下，平均值算法根本无法收敛，而 Krum 算法表现得好像没有拜占庭节点一样。该实验证实，平均值算法无法容忍（相对温和的）高斯拜占庭行为，而 Krum 算法则能够应对。

实验结果还表明，不同的鲁棒聚合算法在应对不同类型的拜占庭攻击时具有各自的优势。例如，Trimmed Mean 算法对随机噪声型攻击效果较好，而 Krum 算法在应对协同一致的恶意梯度时表现更优。

抗拜占庭容错梯度下降算法为分布式机器学习中的安全性问题提供了重要解决方案。通过设计鲁棒聚合规则，这些算法可以在恶意节点存在的情况下，保证全局模型的训练稳定性和性能。这一研究方向在联邦学习、区块链等分布式计算领域具有广泛的应用潜力。然而，现有算法在通信开销和计算复杂度方面仍然存在优化空间，未来的研究可以进一步提升其在大规模系统中的适用性。

文献 [145] 基于 Krum 算法研究了分布式学习中的拜占庭攻击问题，并提出了

一种名为 Bulyan 的算法，以增强 SGD 在面对拜占庭工人时的鲁棒性。首先指出
了现有的拜占庭鲁棒聚合规则在处理高维非凸问题时的局限性，特别是在此类问题
中攻击者能够通过选择性地污染一部分梯度使 SGD 收敛到无效模型。为了应对这
一挑战，文献 [145] 提出了 Bulyan 算法，该算法通过多轮迭代筛选机制，进一步
在现有鲁棒聚合规则的基础上筛选出最接近真实梯度的子集，减少拜占庭工人对最
终模型的干扰。Bulyan 通过这种方式显著增强了模型在高维非凸问题中的鲁棒性。
理论分析表明，Bulyan 能够有效防止攻击者操纵模型收敛到效果较差的局部极小
值，并确保最终模型接近没有拜占庭工人参与时的结果。实验部分使用 MNIST 和
CIFAR-10 数据集验证了 Bulyan 的有效性，结果显示在有拜占庭工人存在的情况
下，Bulyan 依然能够保持较高的模型性能，并且收敛速度与未受攻击的模型相当。

6.4.3 数据异构性下的拜占庭防御

数据异构性（非独立同分布数据分布）是联邦学习和分布式机器学习中的一种
常见现象，指的是不同客户端的数据分布不一致。这种异构性为拜占庭攻击的防御
带来了额外的挑战，因为在异构数据场景下，即使是正常客户端的梯度更新，也可
能表现出较大的差异性，从而为恶意客户端的攻击行为提供了掩护。

在许多实际应用场景中，分布式系统中的客户端往往由不同的设备或组织组
成，每个客户端的数据来自其独特的用户行为或环境。例如：在智能手机场景下，
不同用户的设备上运行着联邦学习算法，每个用户的使用习惯、应用偏好和数据来
源各不相同；在医疗数据分析中，不同医院的数据可能包含不同患者群体的病历，
数据分布存在显著的地域性和人口特征差异；在物联网环境中，不同传感器采集的
数据可能因设备类型和安装环境的不同而具有多样性。在这些异构环境下，即使没
有拜占庭攻击，客户端上传的局部梯度也可能因为数据分布的差异而表现出较大的
波动。这种异质性会增加拜占庭防御的难度，因为防御算法需要区分恶意梯度和数
据异构性引起的正常梯度波动。

在数据异构性场景下，拜占庭攻击可以更加隐蔽和有效。攻击者可以利用数据
分布差异，通过伪装恶意梯度，使其难以被防御算法检测。例如，恶意客户端可以
上传模拟正常分布的恶意梯度，使其在统计特性上与正常梯度相似，从而绕过异常
检测机制。在协同攻击中，多个恶意客户端可以联合上传经过精心设计的梯度更
新，干扰全局模型的优化方向。攻击者还可以利用数据异构性中固有的偏差，在特
定类别或任务上引入系统性错误，从而显著降低模型性能。

此外，现有的许多防御算法（如 Trimmed Mean 和 Krum）通常假设客户端的
梯度分布是独立同分布的，即大多数正常梯度聚集在某一中心点附近。然而在非独

立同分布数据场景中，正常梯度可能天然分布较分散，这会导致防御算法误将部分正常客户端的梯度误判为异常值，从而削弱模型性能。

在非独立同分布的情况下，传统的拜占庭防御方法很有可能会因此失效。

（1）模型聚合的鲁棒性降低。在非独立同分布数据下，客户端的模型更新彼此差异较大，因此服务器难以识别出哪些更新是来自恶意拜占庭客户端的。传统的聚合方法，如简单的加权平均或常用的鲁棒聚合算法，在面对这种差异时，可能会误将正常的模型更新当作异常处理，从而降低模型的整体性能。

（2）数据分布的异质性。非独立同分布数据分布导致不同客户端的模型更新呈现高度异质性。在拜占庭攻击中，恶意客户端可以利用这种异质性，在不显著偏离正常数据分布的情况下发送恶意更新，增加检测的难度。恶意客户端甚至可以通过故意模拟非拜占庭客户端的数据特征来逃避检测机制。

（3）梯度偏移与伪装。拜占庭客户端可以利用非独立同分布数据引发的梯度差异，设计特定的恶意梯度更新，使其看起来像是由正常的非独立同分布数据集生成的。特别是在一些复杂的数据分布情况下，恶意更新与合法更新之间的界限变得更加模糊，进一步削弱了防御机制的有效性。

（4）对全局模型的影响扩大。由于每个客户端的训练数据并非全面代表整个数据分布，恶意客户端可以通过较小的拜占庭行为对全局模型产生较大的负面影响。这尤其在非独立同分布数据中表现显著，因为一个客户端的偏差模型可能对某些类别或特征具有更大的权重，从而严重影响整个模型的性能。

为了解决数据异构性带来的问题，研究人员提出了一系列改进的拜占庭防御方法，这些方法结合了鲁棒聚合、动态加权和自适应策略，能够更好地适应非独立同分布数据场景。

（1）Adaptive Trimmed Mean：传统的 Trimmed Mean 算法在剔除最大和最小值时使用固定比例。然而在非独立同分布数据场景中，梯度的正常波动可能较大。自适应 Trimmed Mean 算法通过动态调整剔除比例，使其适应客户端间梯度差异。例如，文献 [146] 提出的方法根据当前轮次的梯度分布统计特性，动态调整剔除范围，从而提高防御效果。

（2）Coordinate-wise Median：针对梯度分布较分散的情况，坐标维度中位数算法按每个梯度维度分别计算中位数，避免因整体梯度的波动而误判正常客户端的贡献。实验表明，这种算法在高异构性场景下具有更好的鲁棒性。

（3）Weight Adjusted Aggregation：在数据异构性场景下，不同客户端的贡献度可能不均衡。通过评估每个客户端梯度对全局模型改进的贡献，动态调整其在聚合过程中的权重。例如，文献 [145] 提出的方法对每个客户端的梯度分配不同的权重，降低恶意梯度对模型更新的影响。

（4）Memory-Aware Aggregation：通过记录客户端历史上传的梯度，分析其行为模式，以判断某个客户端是否表现异常。例如，可以结合客户端历史贡献和当前梯度的偏差，识别并过滤潜在的恶意客户端。这种方法特别适合处理长期的协同攻击。

（5）Ensemble-based Robustness：针对高异构性数据分布，研究人员提出了多模型集成的防御方法。通过将客户端分组，并在不同分组间构建多个子模型，可以在局部实现鲁棒聚合，最终通过集成子模型的结果提升全局模型的鲁棒性。这种方法有效降低了单点攻击的破坏力，同时适应了异构环境下的分布差异。

在医疗场景中可以应用基于鲁棒聚合的拜占庭防御方法，对联合不同医院之间的患者数据进行分析。研究显示，改进的 Trimmed Mean 算法能够在医院之间数据分布差异较大的情况下，有效抵御恶意参与者的干扰。此外，在物联网环境中我们提出一种基于动态加权的聚合方法，用于防御分布式传感器网络中的拜占庭攻击，从而显著提升了模型性能和系统可靠性。

数据异构性为拜占庭防御带来了额外的挑战，但也激发了许多创新性研究。通过结合鲁棒聚合、动态加权和历史信息等技术，现代拜占庭防御方法能够在复杂的异构环境中实现更高的鲁棒性。然而，这些方法在通信效率和计算复杂度方面仍然需要进一步优化，以满足实际应用中的需求。非独立同分布数据在联邦学习中的拜占庭防御问题具有高度的挑战性。拜占庭客户端可以利用数据分布的异质性和局部模型的差异进行攻击，现有的许多防御机制在这种情况下失效。因此，设计更加鲁棒的聚合方法、信任机制，以及适应数据分布不均衡的防御策略是当前研究的重点方向。未来的工作中，如何结合联邦学习的隐私保护要求与高效的拜占庭防御将是一个关键问题。

第

7

章

联邦学习的应用

联邦学习具有在保护数据隐私的同时实现数据共享的优势，已被广泛应用于多个领域。在医疗保健领域，它能够使不同医疗机构协同训练模型，提高疾病诊断的准确性，同时保护患者数据。金融服务行业利用联邦学习进行风险评估和欺诈检测，增强模型的泛化能力，同时遵守严格的数据保护法规。在智能设备领域，联邦学习使得手机和智能家居设备能够在本地学习用户行为，优化个性化服务，减少对云端数据传输的依赖。此外，联邦学习还在推荐系统、自然语言处理等领域展现出巨大潜力，推动了个性化服务和智能决策的发展。

7.1　联邦学习与 FATE

FATE 是一个工业级的联邦学习开源平台，专注于实现联邦学习在实际应用场景中的落地和普及。FATE 的设计初衷是解决多方数据共享与协作问题，特别是在数据隐私保护和合规性要求严格的行业，如金融、医疗、零售以及智能制造等。通过支持多种联邦学习协议（如横向联邦学习、纵向联邦学习和联邦迁移学习），FATE 能够让不同数据持有方在不直接交换数据的情况下共同训练机器学习模型，从而最大限度地保护数据隐私，同时实现数据价值的协同挖掘。

FATE 的技术架构具备模块化和高扩展性，支持多种机器学习算法，如逻辑回归、支持向量机、梯度提升树、深度神经网络等，同时提供了分布式计算框架以支持大规模数据的联邦训练。FATE 还集成了多种隐私保护技术，包括同态加密、安全多方计算和差分隐私等，以确保在联邦学习的整个流程中，数据的安全性和隐私性能够得到保障。FATE 的架构可以划分为几大层次，分别负责联邦学习任务的实现、管理和隐私保护，最终依托底层的分布式基础设施支持大规模数据的联邦训练。通过这些有机结合的组件，FATE 能够满足联邦学习在多种应用场景下的复杂需求。

作为架构的核心部分，联邦学习层主要负责支持多种联邦学习协议和机器学习算法的实现。它包括横向联邦学习、纵向联邦学习和联邦迁移学习三种协议，分别适用于数据分布在特征空间和样本空间具有差异的场景。这些协议使得多个数据持有方可以在不交换原始数据的前提下进行协同建模，从而满足不同场景下的隐私保护需求。同时，FATE 集成了逻辑回归、支持向量机、梯度提升树和深度神经网络等多种机器学习算法，并为开发者提供了灵活的扩展接口，支持自定义算法的集成。底层的分布式计算框架则进一步提升了在大规模数据处理场景中的效率，使得复杂的联邦学习任务能够高效完成。

为了确保联邦学习任务的顺利执行，FATE 在联邦管理层设计了完善的任务编排、节点管理和模型管理功能。这一层负责协调参与方的计算资源和通信，确保任务流程的有序性和可靠性。例如，任务编排模块可以分配和调度联邦学习任务，保证每个参与方按时完成计算任务；节点管理模块则实时监控参与方的连接状态，解决通信中的潜在问题；模型管理模块支持模型的版本控制和生命周期管理，方便模型的后续使用和迭代。

在隐私保护方面，FATE 提供了多种安全机制，形成了联邦安全层。它通过同态加密、安全多方计算和差分隐私等技术手段，确保参与方的数据在协作过程中不被泄露。例如，同态加密允许在加密数据上直接进行计算，安全多方计算通过密码学协议实现了中间计算结果的安全共享，而差分隐私在输出阶段添加噪声，从而进一步保护敏感信息。密钥管理模块负责生成、分发和管理加密密钥，为所有安全机制提供底层支持。这些隐私保护技术的结合，使得 FATE 成为一个兼具高安全性和高实用性的联邦学习平台。

在基础设施层，FATE 采用了现代分布式系统架构，支持容器化部署和高性能计算。通过 Docker 和 Kubernetes 的容器化支持，FATE 的安装和扩展变得更加便捷，开发者可以快速在本地或云环境中搭建联邦学习平台。通信框架则提供了高效且安全的协议支持，确保多节点之间的数据传输稳定可靠。同时，FATE 兼容 CPU 和 GPU 等硬件资源，并支持混合计算，这使得平台能够适应不同的计算需求和硬件环境。

FATE 的技术架构设计在保障隐私保护和高效协作的同时，也注重开发者的使用体验。它提供了友好的 Python SDK，方便用户快速定义联邦学习任务；内置的可视化工具能够实时展示任务进展和模型性能，为用户提供直观的监控支持。凭借这一架构，FATE 在金融、医疗、零售等领域的实际应用中表现出了卓越的适应性和创新性。例如，多家银行可以通过 FATE 平台联合建模，实现跨机构的反欺诈检测；医疗机构能够借助 FATE 进行联合疾病诊断模型的开发，同时保护患者隐私。

在实际应用中，FATE 已广泛用于银行的风控模型开发、医疗机构的联合诊断以及零售领域的用户行为分析等。例如，在银行业中，多家金融机构可以通过 FATE 平台在不交换用户敏感信息的情况下联合建模，从而实现跨机构的反欺诈检测或信用评分；在医疗领域，不同医院可以通过 FATE 联合训练疾病预测模型，有效提高诊断准确率，同时避免患者数据泄露。

此外，FATE 提供了丰富的开发者工具和易于部署的解决方案，包括基于 Docker 和 Kubernetes 的容器化部署、API 支持以及可视化工具，方便开发者快速集成和使用。同时，FATE 社区也非常活跃，拥有完善的文档支持和全球范围的用户基础，为技术交流和业务创新提供了良好的平台。FATE 的持续发展和应用案例表明，联邦学习正在成为推动数据协作和隐私保护技术发展的重要驱动力，为各行业的数字化转型提供了全新思路。

7.2 在医疗领域的应用

智能医疗革命改变了医疗保健行业，提高了人类的生活质量。在智能医疗环境中，可穿戴传感器等医疗物联网设备被广泛用于收集医疗数据，以便通过人工智能进行智能数据分析，从而实现大量的新颖的智能医疗应用，如远程健康监测和疾病预测。

传统上，智能医疗系统通常依赖位于云端或数据中心的集中式人工智能功能进行健康数据学习和分析。鉴于现代医疗网络中健康数据量的不断增加和医疗物联网设备的增长，这种集中式解决方案采用原始数据传输，导致通信延迟以及效率低下，并且网络可扩展性较差。此外，依赖这种中央服务器或第三方进行数据学习会引发严重的隐私问题，如用户信息泄露和数据泄露。而在未来的医疗保健系统中，这种集中式 AI 架构可能不再适用，因为健康数据将不是集中存放，而是分布在大规模物联网网络上。因此，迫切需要采用分布式人工智能方法，以便在边缘实现可扩展且保护隐私的智能医疗应用。在此背景下，联邦学习已成为实现具有更好隐私保护、经济高效、智能医疗应用有前途的解决方案，可以防止泄露敏感的用户信息和用户偏好，从而降低隐私泄露风险。此外，由于联邦学习吸引了来自许多健康数据客户端的大量计算和数据集资源来训练 AI 模型，因此健康数据训练质量（如准确性）将得到显著提高。本节将介绍联邦学习在医疗领域的应用案例。

7.2.1 新冠病毒检测应用案例

随着 COVID-19 疫情的广泛蔓延，各地医院只能提供有限的信息。研究人员试图分析这些信息，并积极寻求合作。然而，各国的法规和隐私保护法律常常限制对临床信息的访问，阻碍了这些努力。一方面，机器学习和人工智能正在帮助医生利用预测模型迅速做出诊断决策；另一方面，制药公司则利用人工智能推动药物发现和疫苗研究。COVID-19 研究是众多努力中的一个例子，旨在推进与癌症治疗和罕见疾病等重要健康问题相关的治疗。然而，这些人工智能系统往往在孤立的环境中开发，由于缺乏协作学习机制，其能力受到限制，从而削弱了它们的潜力。

数据科学家在探索利用胸部 X 射线数据构建图像分类器以加快诊断和预测 COVID-19 感染严重性时遇到了诸多障碍。尽管研究人员已经从多种医疗数据模式（如病理数据、临床数据和病史数据）中缩小了 X 射线医学图像数据集的范围，但由于医疗行业的严格监管和数据本身的敏感性，获取这些 X 射线数据仍然十分困难。此外，汇总这些数据以训练机器学习模型时，还面临着多种法律和伦理问题。跟踪疫情影响下的不同人口统计特征也是一个挑战。为了构建有效的机器学习模型，数据集必须代表现实世界的数据分布，涵盖不同年龄组、种族和医疗条件的多样化人群。随着疫情在全球范围内的蔓延，需要从多个国家和地区汇总数据，以开发有影响力的模型。

文献 [147] 提出了一个基于聚集联邦学习（Clustered Federated Learning，CFL）的协作学习框架，旨在自动诊断 COVID-19，特别是在处理多模态数据（如 X 射线和超声图像）方面。研究的目标是开发一个能够处理这些多模态数据的单一机器学习模型，以实现 COVID-19 的自动诊断。在 CFL 设置中，每个集群代表一个医疗实体（如远程医疗影像设施），而主要医院或政府机构（如卫生部）则充当云服务器，负责聚合和更新权重。文章采用了多种数据增强技术，并针对不平衡类别问题引入了焦点损失。通过一系列实验，作者们比较了 CFL 与传统专门化联邦学习基线和多模态传统联邦学习的性能。结果表明，CFL 在处理数据分布差异方面表现更佳，并且在 X 射线和超声数据的应用中均取得了令人鼓舞的成果。

7.2.2 远程医疗监控应用案例

随着远程医疗从以医院为中心向以家庭为中心的转变，开发智能管理解决方案的需求日益迫切。联邦学习通过在云服务器控制下从分布式家庭训练全局模型，不仅能够促进家庭健康监测，还能通过本地保存用户数据来防止信息泄露[148]。在此框架下，每个家庭的医疗物联网（IoMT）设备（如智能手机）可利用卷积神经网络学习个性化模型：首先将类平衡数据集与个人数据合成，随后通过更新数据集调整模型梯度，实现云服务器与所有家庭的同步更新。这种方法不仅有效解决了数据不平衡和非独立同分布问题，还显著提升了个性化预测性能。基于真实人类活动数据集的实验表明，联邦学习方法在平衡和不平衡数据场景下均能达到 95.41% 的准确率，较独立 CNN 方案提升 7.49%，同时保持较低的通信成本。

文献 [149] 提出了一种面向可穿戴健康监测的联邦学习方案，其中智能手机与云服务器协同训练共享的 CNN 模型，用于具有隐私保护意识的人类活动识别。针对云端与智能手机模型间的显著分布差异，该方案引入迁移学习技术，使训练模型更具针对性，从而促进个性化发展。实验结果表明，相比传统方法，该联邦学习算法在可穿戴活动识别中的准确率提升了 5.3%。这种联邦学习方案的潜力可进一步扩展到健康监测、跌倒预测和疾病诊断等医疗保健领域。文献 [150] 则设计了一种基于联邦学习的远程医疗监测系统，专门用于肥胖及合并症表型控制。该系统采用两阶段联合自然语言处理方法，允许不同医院或诊所利用临床记录进行协作健康数据训练，而无须共享原始数据。第一阶段在各医院建立患者表示模型，训练神经网络从病历文本中预测当前程序术语代码；第二阶段构建表型机器学习模型，在多个站点间协作训练，将目标表型疾病分类为存在、不存在或可疑三类。基于 10 家医院站点的联邦学习模拟实验显示，其准确率和召回率均优于非联邦学习方法。

文献 [151] 提出了一种基于联邦学习的移动活动监测方法，应用于辅助生活支持和跌倒检测等医疗保健场景。该研究采用真实世界的人类活动识别数据集，分布在移动设备上进行联合神经网络训练，涵盖坐、走、站和上楼梯四种活动类型。研究还构建了非独立同分布数据环境，其中活动数据被分割，各类活动的预定义标签和数据分布均存在差异。文献 [152] 利用联邦学习技术，基于美国 34 个州的 99 个医疗站点（包括医院和临床实验室）的全国健康保险数据集，开发了一种疾病预测方法。这些数据涵盖了糖尿病、心理障碍和缺血性心脏病等电子健康记录（EHR）。与传统集中学习和无联合的本地训练方法相比，联邦学习方法在保持高准确率的同时，提供了更好的隐私保护。文献 [153] 提出的 FedMood 方案是一种新型联邦学习方法，用于情绪预测和监测。通过分析抑郁症患者的键盘击键特征（如两次击键间隔），该方案能够进行生物特征识别，因为抑郁症患者的打字速度通常与健康人群存在显著差异。具体而言，手机用于收集关键字母、特殊字符和加速度计值等信息，这些数据通过深度神经网络（DNN）训练，并由数据服务器协调聚合。在独立同分布和非独立同分布数据场景下的综合实验表明，该方案的情绪估计准确率超过85％，优于本地训练和协作数据共享方案。文献 [154] 构建了一个基于联邦学习的健康监测解决方案，用于分析分布式医院网络中的患者治疗效果。该方案的创新之处在于，每家医院都建立了一个个性化治疗效果估计器实体。这些估计器可被分类到各个子组中，其中个体治疗效果包括对患者特征的结果分析，站点指标则用于评估协调站点的整体治疗效果。

7.2.3 医疗图像应用案例

由于隐私保护的要求，将不同医疗机构的医学影像数据整合到单一实体以进行基于人工智能的分析面临巨大挑战。联邦学习作为一种创新解决方案，能够在不共享原始数据的前提下，从多源数据集中进行学习，从而支持大规模医学影像任务。文献 [155] 提出了一种联邦学习方法，通过基于云的全局分类器联合过程，将所有客户端的影像转换到统一的影像空间，有效解决了医院等客户端间的数据差异问题。该方法利用生成式对抗网络（GAN）在各机构生成合成影像数据集，并将其原始影像转换为目标影像空间，既解决了跨客户端差异问题，又确保了隐私安全。基于前列腺癌相关影像的模拟实验显示，该联邦学习方案取得了 97.22％ 的准确率，较非联邦学习方案提升了 0.13％。

文献 [15] 提出了一种面向联邦脑成像的联邦学习模型，旨在利用深度神经网络进行脑肿瘤分割。在该框架下，每个联邦客户端（如磁共振成像 MRI 扫描仪）

拥有固定的本地数据集和充足的计算资源来训练 DNN 结构，并通过模型平均技术将权重更新共享至联邦服务器进行聚合。虽然联邦学习能够保护用户隐私，但仍面临训练样本重建等滥用风险。为此，该研究采用差分隐私技术，在节点训练过程中添加噪声，扭曲更新以减轻模型交换过程中的信息泄露。基于 285 名受试者的多参数术前 MRI 扫描数据集进行的模拟实验表明，该方案的分割性能与理想的集中式方案相当，同时实现了有效的隐私保护。文献 [156] 提出了另一种联邦脑成像方法，通过多个临床中心和机构的 MRI 扫描，构建了一个联邦学习模型，用于端到端的数据标准化、混杂因素校正和高维特征变异性测量。

文献 [11] 则探讨了基于脑组织 MRI 分析的联邦多机构合作。该研究涉及 10 个医疗机构，每个实体运行一个神经网络模型，用于检测脑部扫描图像中的放射学异常区域。为推进智能医疗中的 X 射线扫描成像，文献 [157] 提出了一种基于联邦学习的方法，用于支持急性神经系统症状（如严重头痛或意识丧失）的诊断。每家医院运行基于 CNN 的 DenseNet1212 模型，利用北美放射学会提供的 X 射线图像数据集进行训练，该模型支持特征传播、鼓励特征重用，并最大限度减少神经参数数量。为增强联邦学习医学成像的隐私保护，文献 [158] 提出了多巴胺方法，采用差分隐私技术。该方法假设患者仅信任本地医院，医院无恶意且无串通行为，而服务器可能是诚实但好奇的。医院在每轮本地更新中为患者提供隐私级别，使服务器能够构建高准确率的全局模型，同时最小化数据泄露。每家医院通过添加高斯方差噪声计算隐私损失，确保每次更新对局部动量的影响与其对聚合模型的影响相同，从而在隐私成本和准确度损失之间取得平衡。

文献 [159] 提出了一种基于联邦学习的磁共振成像重建（FL-MR）方法，用于多机构合作的 MRI 重建。该方法通过协同训练局部重建网络和对抗域标识符，使不同医院学习到的中间潜在特征与目标部位的潜在特征分布保持一致。文献 [160] 基于计算病理学中的千兆像素全幻灯片图像，研究了一种弱监督多实例学习方法。该方法在每个医院孤岛中自动分割组织区域以提取图像块，利用 CNN 将其嵌入低维特征表示，并使用整个幻灯片图像数据集对弱监督学习模型进行训练，以幻灯片级别和患者级别标签作为数据特征，将训练好的梯度发送至服务器进行平均。在肾细胞癌和乳腺浸润性癌两个独立疾病数据集上的模拟实验表明，联邦学习方法在各种参数设置下实现了高达 90% 的疾病检测平衡准确率，显示出联邦学习在减少跨机构合作障碍、促进病理计算方面的潜力。文献 [161] 提出了一种用于功能性磁共振成像（fMRI）分析的联邦学习方法，设计了一种分散的迭代优化算法，并采用随机化机制协调权重共享过程。该研究开发了一种域自适应方法，利用标记和未标记或半标记的图像或文本数据集进行跨孤岛学习。模拟结果表明，该模型能够提高神经图像分析性能,并通过使用多站点数据(无须数据共享)找到可靠的疾病相关生物标记。文献 [162] 介绍了联邦学习在乳腺密度分类中的实际应用,结果显示联邦学习方案的平均性能比独立训练方法高出 6.3%。

7.2.4 医疗防护应用案例

联邦学习作为一种创新的机器学习范式,其核心在于不聚合原始数据,而是通过聚合多个 ML 模型来构建通用模型。这种方法确保了数据始终保留在其原始位置,允许多方在不直接共享敏感数据的情况下进行协作建模。

在医疗保健领域,联邦学习技术已被学术界广泛采纳并成功应用于医学影像分析任务。来自美国宾夕法尼亚大学和英国伦敦国王学院的研究团队已证实了利用分散式 MRI 数据进行脑肿瘤治疗的可行性。同时,研究人员也通过联邦学习技术显著提升了乳房 X 射线检查中密度分类器的性能。

联邦学习在生物医学图像分析领域展现出巨大潜力。法国 HealthChain 联盟正在运用联邦学习技术,帮助肿瘤学家利用组织病理学和皮肤镜检查图像为患者制定更优化的治疗方案。鉴于联邦学习技术的广阔前景,多家医疗机构已投资于可信联邦数据分析(TFDA)项目、联邦肿瘤分割(FeTS)项目以及德国癌症联盟的联邦成像平台(JIP)等重大项目。

除了图像分析,联邦学习在文本挖掘和临床数据分析方面也取得了突破性进展。哈佛医学院的研究团队通过联邦学习技术,利用来自不同医院和诊所的临床记录,显著提升了患者表征学习和表型分析的效果。类似地,研究人员通过电子健康记录在各医院间寻找具有相似临床特征的患者。

制药行业也积极采用联邦学习技术,通过跨公司合作推进药物发现和疫苗研究。MELLODY(用于药物发现的机器学习账本编排)项目就是一个典型案例,10家制药公司共同参与,通过联邦学习技术共享专有数据洞察,应用于各类 ML 任务。在药物发现领域,联邦学习已被用于定量结构-活性关系(QSAR)分析等关键研究。

联邦学习驱动的协作平台为克服数据访问障碍提供了创新解决方案,同时确保遵守严格的监管要求。以 COVID-19 诊断模型开发为例,传统方法受限于特定组织或地区的数据可获得性。随着疫情在全球范围内蔓延,研究人员可以通过联邦学习平台整合来自意大利和其他欧洲地区的大量数据,显著加快诊断模型的开发进程。这种全球协作模式不仅能够加速高性能 ML 模型的开发,更能使研究进展呈指数级提升。借助联邦学习平台,研究人员可以突破地域限制,实现真正的全球协作,为应对重大公共卫生挑战提供有力支持。

容器化等云原生技术通过提供一致的应用程序部署环境，显著简化了解决方案的部署流程。平台的核心组件可以借助云基础设施进行容器化部署和分发。

在 Persistent 公司，研究人员开发了一个基于 IBM FL 库的创新平台，该平台极大地简化了联邦学习模型的开发和部署过程。如图 7.1 所示，该平台采用双层架构设计，由两个核心组件构成：一是聚合器容器，可部署在托管云环境中；二是客户端容器，可部署在用户本地环境或用户云基础设施中，并提供数据访问权限。聚合器容器负责协调多个客户端节点的联邦训练轮次，生成的全局模型存储在云端。客户端容器节点则可通过云 API 服务请求最新的全局模型进行预测分析。研究人员已利用该平台开发了多个机器学习模型，为医疗保健机构提供决策支持。例如，平台已成功部署了用于分析 X 射线报告、评估 COVID-19 感染程度以及解读胃肠道内窥镜图像等多个医疗场景的 AI 模型。该平台为开发机器学习解决方案提供了坚实的基础，能够有效应对癌症治疗、心脏病等重大健康挑战，以及在疫苗研究和药物发现等生物医学领域的复杂问题。通过该平台，医疗保健企业能够整合来自多个数据源的信息，同时保持数据在源头的安全性和隐私性，使机器学习模型能够从所有参与节点中获得全面而深入的数据洞察。这种创新架构不仅提高了医疗数据分析的效率，还为跨机构协作提供了可靠的技术保障。

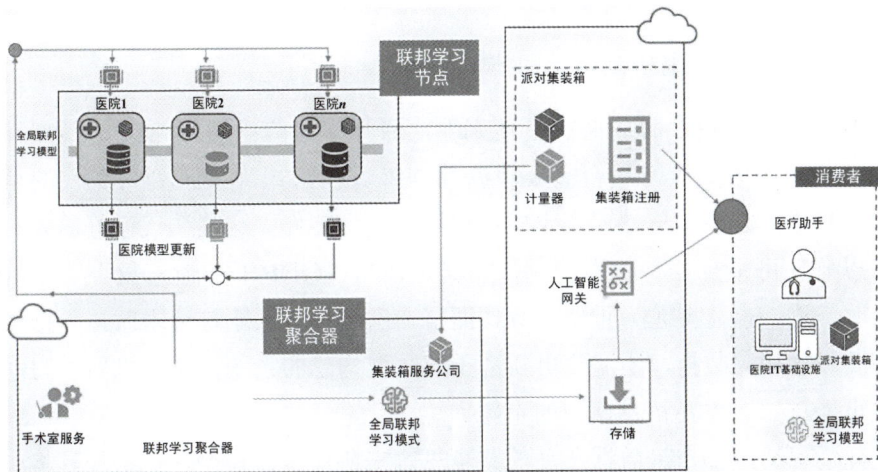

图 7.1　可应用于医疗的联邦学习平台结构

1. 数据分布层面的技术挑战

在机器学习领域，使用独立同分布数据进行训练通常能够获得更优的模型性能。在集中式数据存储场景下，数据科学家可以分析数据分布特征，并设计相应的预处理步骤，将数据转换为同质分布。即使在分布式训练环境中，虽然多个训练节点并行工作以缩短训练时间，数据科学家仍会尝试在节点间分配数据以实现独立同分布。

然而，现实世界的数据往往呈现出显著的多样性和异质性，很少满足独立同分布的条件。这种数据特性为机器学习模型的泛化能力带来了巨大挑战。特别是在医疗领域，由于不同地区的地理位置和医疗协议的差异，数据本质上往往是非独立同分布的。例如，不同地区使用的医疗设备在图像分辨率和校准标准上可能存在显著差异，诊断实验室的数据也可能因地域特征而产生偏差。这些因素都导致了医疗数据的固有异质性。

联邦学习通过整合多个不同的数据集来构建模型，为解决非独立同分布数据问题提供了新的思路。在联邦学习环境中设计机器学习模型时，必须充分考虑数据的这种异质性。

另一个关键问题是协作方之间的特征对齐。在横向联邦学习场景中，每个参与方都需要使用一组预定义的特征列来向模型提供训练数据。这要求各方在数据准备过程中建立统一的协议，确保特征在所有参与方之间正确对齐，并保证模型所需的规范化处理得到正确实施。这一过程可以通过协作方之间的元数据交换来促进，从而实现数据的标准化和一致性。这种特征对齐机制对于确保联邦学习模型的有效性和可靠性至关重要，特别是在涉及多个异构数据源的复杂场景中。

2. 模型治理与激励机制层面的技术挑战

从机器学习模型生命周期的视角来看，联邦学习应当遵循常规的模型开发与运维最佳实践。联邦学习平台需要将联邦训练过程组织为一系列可迭代的运行步骤，从而在聚合器和参与方节点生成可追溯的模型工件。这些迭代运行需要充分参数化，以确保可重复性和版本控制，尤其是在与"GDPR 被遗忘权"等法规要求相结合时，这一点显得尤为重要。具体而言，当收到数据删除请求时，数据所有者不仅需要删除相关数据，还需要更新基于该数据构建的系统。对于机器学习系统而言，这可能意味着需要触发模型的重新训练。

联邦学习通过整合跨数据孤岛的共享见解来协作构建模型。在协作环境中，不同参与方的贡献性质可能各不相同：一些参与方可能通过提供大量数据做出定量贡献，而另一些参与方则可能通过提供多样化的训练数据来丰富全局模型。因此，需要对每个合作方的贡献进行问责和量化评估。这些量化指标需要作为技术协议的一部分加以实施，并在协调联邦训练轮次时严格执行。例如，量化指标可以是在共同商定的测试数据集上准确率的百分比提升，这一指标需要在聚合器融合模型以更新全局模型之前计算并记录在账本中。此外，这一账本还可以用于激励合作方，如通过奖励机制或收益分享模式，特别是在全局模型以推理模式作为收费服务提供给其他消费者时。根据联盟的信任程度，账本可以通过分布式账本技术实现，并利用智能合约自动处理贡献评估与激励分配。

3. 可信性与隐私保护层面的技术挑战

参与联邦学习的各方可能具有不同的背景和动机，既可以是同一家公司的独立部门，也可以是由社会事业驱动的联盟机构，甚至可能是为经济利益而合作的竞争公司。根据联盟的性质，在协作训练模型时，将存在多层次的信任动态。从高层次来看，这些问题可以分为两大类：首先，由于联邦训练过程的分布式特性，各方对每个合作方或聚合器在执行分配任务时的完整性存在担忧；其次，由于训练数据的敏感性，各方对信息泄露的可能性保持高度警惕。正如前面章节所讨论的，可以采用多种技术手段（如差分隐私、安全多方计算、同态加密和可信执行环境）来增强联邦学习过程的安全性，抵御恶意动机驱动的威胁。

通过几个医疗保健领域的示例，我们可以更好地理解信任和隐私的细微差别。例如，考虑一个由多家医疗保健研究机构组成的联盟，旨在利用医学图像数据协作构建模型。在这种场景下，敏感的医学图像数据不会离开其原始存储位置，但模型参数更新会通过网络交换，并由中央聚合器融合以更新全局模型。如果没有隐私保护措施，该联盟构建的模型可能容易受到对抗性攻击。例如，一家怀有恶意动机的健康保险公司可能会尝试对这些模型实施成员推理攻击，以确定其客户子集是否参与了训练。通过实施差分隐私技术来混淆模型更新，可以有效防止此类信息泄露。然而，正如相关研究所指出的，在参与节点数量有限的跨孤岛联盟中，添加差分隐私可能会导致模型准确性的权衡。为解决这一问题，可以结合同态加密与差分隐私技术，进一步保护模型更新，防止信息泄露。

在另一种场景中，制药公司之间合作构建药物发现模型，其信任动态可能会引发对聚合器或合作方节点执行完整性的担忧。通常情况下，各方允许使用专有数据对模型进行训练，并将带有洞察力的模型更新共享给聚合器以执行模型聚合。然而，如果聚合器协议的执行受到破坏，合作方共享的模型更新可能会被恶意利用，例如通过保留和比较模型更新来探测私人数据信息，或者通过不道德地修改聚合器协议来偏袒某些合作方或阻碍模型收敛。在这种情况下，利用 Intel SGX 等可信执行环境实现融合算法，可以在模型更新的联邦聚合过程中建立信任。通过硬件支持的可信执行环境提供的证明，医疗保健公司可以全面采用联邦学习技术，将其作为值得信赖的双赢合作平台。

7.3 在边缘计算领域的应用

据思科公司预测，到 2025 年，全球联网的物联网设备数量将突破 750 亿，较 2020 年的 310 亿增长约 1.42 倍。这一迅猛增长得益于物联网设备配备的异构和先进传感器，这些设备在智能工业、医疗保健和无人机等众包感知应用中发挥着重要作用。与此同时，对时间和质量敏感的物联网应用需求呈爆发式增长，急需具备高可用性和弹性的基础设施支持。然而，依赖传统云基础设施管理海量、异构且分布式的物联网数据，并以指定性能提供服务，似乎已成为不可能完成的任务。

边缘计算作为一种新兴架构，通过将云计算服务延伸至更靠近数据源的位置，有效降低了延迟和带宽成本，同时提升了网络的弹性和可用性。这种架构特别适合满足具有特定服务水平协议（SLA）需求的时间关键型应用。此外，边缘计算作为一种分布式计算范式，能够应对物联网数据的激增，并充分利用分布式的异构计算资源。将边缘计算与深度学习相结合，已成为一项极具前景的技术，在众多应用中展现出广泛潜力。

在传统的集中式机器学习方法中，数据存储和模型训练主要依赖于高性能云服务器。多个边缘节点与远程云协作，共同执行包括本地处理和远程协调在内的大型分布式任务。然而，由于数据隐私、通信开销和监管政策等多重挑战，将所有边缘设备收集的数据传输至中央数据中心进行模型训练已变得不可行。在此背景下，联邦学习的诞生与发展为边缘学习提供了新的契机和路径。联邦学习通过在边缘设备本地进行模型训练，仅共享模型参数而非原始数据，有效解决了数据隐私和通信开销等问题，同时充分利用了边缘计算的分布式优势，为物联网应用的智能化发展开辟了新的方向。

7.3.1 5G 电信应用案例

随着通信服务提供商（CSP）积极探索如何在其数据资产中挖掘价值，同时确保数据隐私合规并开发新的应用场景，联邦学习在电信行业中的重要性日益凸显。CSP 所拥有的最大资产之一便是其庞大的数据资源。全球排名前 50 的运营商掌握了超过 50 亿消费者的数据。随着电信公司广泛采用人工智能和机器学习技术以提升数据分析和预测能力，联邦学习已成为构建基于分布式训练数据的集中式模型的关键技术。

5G 和边缘计算技术的快速发展显著提升了网络容量、降低了延迟、提高了速度和效率。在 5G 边缘计算环境中，数据和 AI 模型分布在多个节点上，但由于安全性、带宽、存储和其他限制，信息共享变得异常复杂。联邦学习恰好能够适应这种环境，通过在本地节点上进行模型训练并仅共享模型参数，有效解决了数据隐私和通信开销问题，同时充分利用了分布式计算资源。因此，联邦学习在 5G 边缘计算中的应用，不仅能够满足电信行业对数据隐私和安全性的高要求，还能为运营商提供更高效、更智能的数据分析和预测能力，推动电信行业的数字化转型和创新发展。

图 7.2 展示了集成到通信服务提供商 5G 基础设施中的典型边缘计算环境[193]。该环境由多个层级组成：远端由大量边缘设备构成，这些设备负责采集原始数据并将其传输至靠近远端的边缘集群。边缘集群由多个多接入边缘计算节点（MEC）组成，具备比边缘设备更强的计算能力。在远端，由于计算资源有限，通常仅运行经过训练的模型；而在 MEC 中，除了部署训练好的模型外，还可以对数据进行进一步处理。核心网络则拥有更强大的计算能力，能够支持更复杂的模型处理更大规模的数据集。

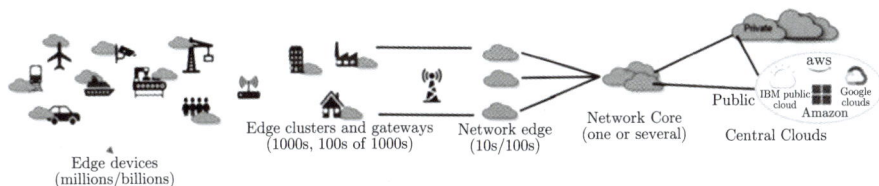

图 7.2　5G 网络架构示意图

在这一架构中，CSP 通常负责边缘环境的网络建设与管理，而应用程序则根据不同行业的需求进行定制。联邦学习在这一分布式环境中展现出显著优势，能够有效管理 AI 模型的生命周期。通过将聚合器部署在合适的节点，联邦学习可以提取可共享的模型参数，并将其分发至相关节点，从而实现模型的协同优化与更新。这种机制不仅提高了模型训练的效率，还确保了数据隐私和安全性，为 CSP 在 5G 边缘计算环境中的智能化运营提供了强有力的支持。

7.3.2　车载网络应用案例

车载网络在智能交通系统中的重要性日益凸显，其通过数据共享机制显著提升了车辆运行效率。据 IEEE 预测，到 2040 年，自动驾驶汽车将占据道路总交通量的 75%。这些车辆需要处理来自多源异构的海量数据，因此及时、安全地提供必要数据成为关键挑战，而联邦学习在这一领域将发挥重要作用。车载网络中的联邦训练通常包括以下三个核心过程：初始化、本地训练和全局聚合。初始化阶段负责配置训练环境并确定训练目标；本地训练阶段利用车辆本地数据进行模型训练；随后，参与者将训练参数上传至聚合器，由聚合器创建全局模型并将更新后的参数分发回各参与者。在同步模式下，所有车辆会定期在预定义时间间隔结束时上传训练参数；而在异步模式下，每辆车在本地收集到足够信息后完成训练并上传参数，联邦学习服务器在接收到一组参数后立即更新全局模型。车载网络的应用带来了诸多益处，包括为驾驶员提供早期预警信号、优化运输过程中的服务质量、实现车辆间及车辆与道路基础设施的通信，以及支持自动驾驶汽车的高效运行。

7.3.3 跨境支付应用案例

电信行业受到美国联邦通信委员会（FCC）和欧盟监管机构等制定的法规的严格约束，同时还需遵守欧洲电信标准协会（ETSI）等机构制定的技术标准。为提高透明度、增强可见性并有效防范欺诈行为，全球电信公司必须紧密协作。随着消费者在全球范围内频繁旅行，使用更多漫游服务，以及执行由各自电信公司支持的金融交易，保护数据隐私和确保数据安全变得至关重要。

电信提供商正在开发新的应用场景，以利用其拥有的用户数据创造盈利机会，其中跨境支付系统（Cross-Border Payment System，CBPS）成为运营商关注的重点领域。图 7.3 展示了参与跨境非接触式支付的关键参与者及其互动关系[193]。联邦学习在解决这一问题以及确保银行、运营商和网络之间构建个性化模型方面将发挥关键作用。联邦学习将成为构建跨企业、跨数据和跨领域平台的基础，通过在不同参与者之间创建和优化模型，同时确保数据完整性和安全性，最终形成一个协同创新的生态系统。这一技术不仅能够提升跨境支付系统的效率和安全性，还将为电信行业开辟新的商业模式和收入来源。

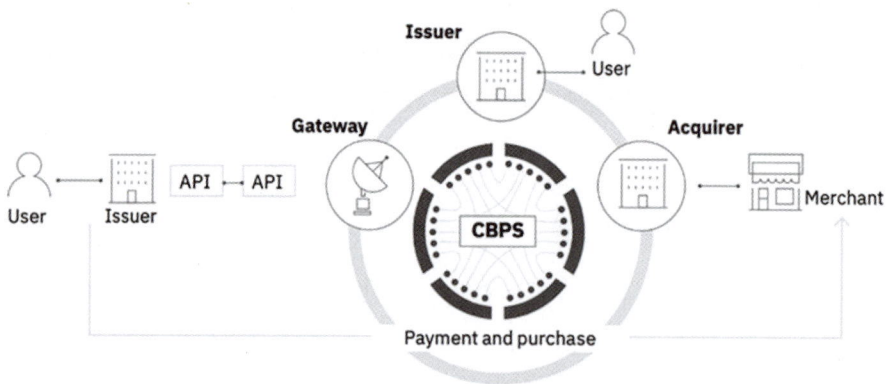

图 7.3 跨境支付系统示意

7.3.4 无人机应用案例

在过去十年中，无人机（UAV）在监视与监控、军事行动、医疗物资配送和电信等领域的应用显著增加。通过将无人机作为移动基站，移动网络可以变得更加全面、强大且节能。同时，无人机还被广泛用于视频流传输、物资配送等多种任务。数据驱动的深度学习技术进一步提升了网络的效率和服务质量。然而，传统的基于深度学习的系统依赖于云计算架构，需要将无人机采集的数据传输并存储在中央服务器上。这不仅在数据传输过程中消耗大量能源和网络带宽，还对网络基础设施造成了巨大负担。此外，传输的原始数据可能包含无人机的位置和身份等敏感信息，直接威胁到隐私安全[163]。

针对这些挑战，联邦学习应运而生，成为一种极具前景的解决方案。联邦学习允许设备在本地训练深度学习模型，而无须将原始数据上传至服务器，从而有效保护了设备隐私。具体而言，联邦学习使设备能够利用本地数据进行模型训练，而非依赖中央服务器。在难以部署传统基站的地区，无人机可以作为移动无线网络中的基站（BS）。地面移动设备可以通过联邦学习执行分布式深度学习任务，而无须依赖中央系统。在训练过程中，无人机无须接收原始数据，因为设备不会上传这些数据。每个移动设备使用其本地数据集训练深度学习模型，然后将模型参数发送至支持联邦学习的无人机服务器进行聚合。无人机服务器收集特定设备的参数，对其进行聚合，并将更新后的参数发送回相关设备。这种机制确保了原始数据始终保留在设备本地，既保护了隐私，又减少了网络流量。训练过程会迭代进行，直到达到预定的准确度。因此，结合联邦学习的无人机网络显著提升了客户端的服务质量（QoS）和隐私保护水平。

这一领域吸引了众多研究者的关注，并已取得了一系列研究成果。例如，文献 [164] 的作者开发了一个用于无人机网络异步分布式学习的框架。该框架允许在本地训练模型，而无须将敏感数据传输至无人机服务器。他们研究了如何减少支持联邦学习的多无人机网络中的执行时间和准确性损失。为了提高学习效率，异步联邦学习（AFL）采用了具有高通信和计算能力的移动设备。然而，该方法仍面临聚合梯度数据泄露的风险，因此需要引入加密机制以确保联邦学习的安全聚合。此外，文献 [165] 的作者探索了基于无人机的应用场景。在无人机辅助探索场景中，他们计划使用地面融合中心（GFC）协调多架无人机，以完成图像分类任务。例如，在无法进入的战略位置（如山顶，由于电池充电困难），无人机可以通过 GFC 协同工作，实现高效的数据采集和处理。

尽管已有这些进展，但基于联邦学习的无人机网络在安全和隐私保护方面仍需进一步研究。例如，如何优化加密机制以保护聚合过程中的数据安全，以及如何设计更高效的分布式学习算法以减少通信开销和计算成本，都是未来研究的重要方向。通过持续探索和创新，联邦学习与无人机技术的结合将为智能网络和隐私保护提供更强大的解决方案。

7.4 在推荐系统领域的应用

推荐系统旨在预测顾客对特定商品的评分和偏好，这些商品可以是实体零售店或在线商店中销售的任何产品，如音乐作品、视频、新闻文章等。其应用场景广泛，既包括实体店收银台打印的折扣券，也涵盖在线商店中的音乐推荐、新闻文章推荐或相关产品链接。

推荐系统的研究始于 20 世纪 90 年代中期 Tapestry 系统的开发，该系统采用基于内容的协同过滤技术。在该系统中，电子邮件用户能够创建过滤器，从各种邮件列表中选择相关邮件。用户通过为阅读的邮件添加"注释"来协作改进过滤器，这些注释可以被其他用户的过滤器访问，从而映射到具有相似注释的用户，并利用这些信息优化过滤器的操作。随着电子商务的蓬勃发展，推荐系统在 Spotify 的音乐推荐、亚马逊的产品推荐、Netflix 的电影推荐以及 FirstLeaf 的葡萄酒推荐等场景中得到广泛应用。现代推荐系统日益复杂，整合了用户生成的内容（如产品评论）、用户或服务定义的约束条件，以及上下文感知信息（如时间和位置）。推荐系统的开发通常涉及多学科协作，包括人工智能、人机交互、信息技术、数据挖掘、统计学、自适应用户界面、决策支持系统、市场营销和消费者行为等领域的专家。虽然大多数推荐系统针对单个用户，但也有面向群体用户的推荐系统，如音乐、电影或旅游目的地的群体推荐。

随着个人用户数据收集量的增加，基于深度学习的个性化推荐系统变得越来越复杂，但也带来了严重的用户隐私问题。传统上，大多数行业将数据集中存储在中央数据仓库中以便于挖掘任务，但这种集中化管理方式一旦发生数据泄露，将导致全部数据被窃取。联邦学习提供了一种替代方案，在不同参与方之间分布数据，并在本地计算模型更新，通过中央协调服务器（称为聚合器）进行聚合，从而学习共享模型。为了进一步增强安全性，可以采用差分隐私技术为训练数据添加噪声，或在将模型更新发送到云或中央服务器之前使用同态加密（HE）等加密通信技术。联邦学习在多种数据受限的场景中具有广泛的应用潜力，不仅能够保护用户隐私，还能实现高效的分布式模型训练。

7.4.1 商品推荐应用案例

传统的推荐系统依赖于收集和分析大量用户数据以提供个性化内容或服务，然而，由于隐私安全和数据孤岛问题的日益凸显，这种操作往往难以获得用户的充分授权。联邦学习的出现为解决这一问题提供了创新性范例，特别是在跨领域推荐场景中，如短视频推荐、社交平台和网购平台等，展现了显著的应用潜力。联邦推荐系统通常涵盖三大类方法：基于协同过滤的推荐算法联邦化、基于深度学习的推荐算法联邦化以及基于元学习的推荐算法联邦化。在垂直联邦推荐框架中，服务器不仅能够利用本领域用户生成的数据，还可以整合其他领域的用户数据，从而为用户提供更加精准和高质量的内容推荐。

为了进一步提升推荐系统的准确性，并深化联邦学习与推荐系统的融合，学术界开展了大量研究。例如，研究者们探索了如何在保护用户隐私的同时，优化模型训练的效率与效果。通过引入差分隐私、同态加密等安全技术，联邦推荐系统在确保数据安全的同时，实现了跨领域数据的协同利用。此外，针对非独立同分布数据场景下的模型收敛问题，研究者提出了多种优化算法，如自适应学习率调整和个性化模型更新策略，以提升推荐性能。这些研究不仅推动了联邦学习与推荐系统的深度融合，也为构建更加智能、安全且用户友好的推荐系统奠定了坚实基础。

一个典型的联邦学习推荐系[194]统如图 7.4 所示。该联邦学习方法通过在每家商店本地维护顾客交易数据，而非将所有数据集中到中央服务器，实现了数据隐私保护与高效利用的双重目标。在联邦学习框架下，每家商店均可独立部署模型训练任务。具体而言，每家商店利用本地数据进行模型训练，完全掌控用于构建模型的信息。训练完成后，各商店的代理将模型参数发送至中央聚合器。聚合器整合所有模型参数，并将更新后的模型参数以模型更新对象的形式返回给每家商店。这些更新用于构建最终的 AI 模型，该模型能够根据商店中的每笔新交易，预测顾客可能购买的产品并生成相应优惠券。整个模型会定期更新，首先在每家商店使用最新数据进行本地更新，随后通过中央聚合器进行全局聚合。

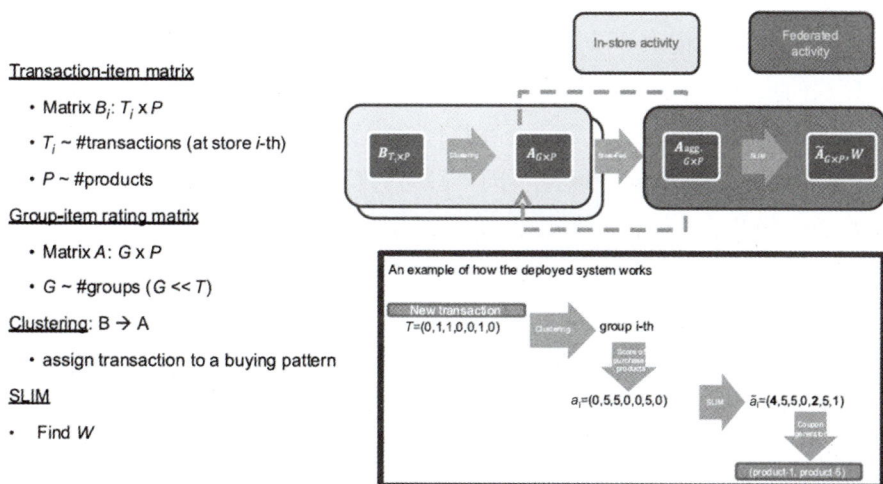

图 7.4 联邦学习推荐系统结构

B_i 是第 i 家店的交易矩阵；A_i 是第 i 家店的购买模式/产品评级矩阵 A_i；A_{agg} 是在汇总了所有商店的数据后得到的购买模式/产品评级矩阵

与传统基于用户画像的推荐系统不同，图 7.4 的推荐系统提出了一种基于购买模式的推荐方法。该方法将交易数据建模为一个大小为 $T \times P$ 的购买矩阵（$\boldsymbol{B}$），其中 T 为顾客交易数量，P 为商店中可用的产品数量。尽管可以为每笔交易添加上下文信息（如购买时间或顾客属性），但初始阶段仅关注原始交易数据。从联邦学习的角度来看，第 i 家商店的矩阵 $\boldsymbol{B}_i$ 将包含 T_i 行交易数据。

该方案采用三阶段联邦机器学习系统。

（1）购买模式映射：将个体交易数据映射到购买模式行为中；

（2）产品评级矩阵生成：基于购买模式生成产品评级配置文件矩阵；

（3）推荐系统训练：利用高内存效率和性能优化的稀疏线性模型（SLIM）训练推荐系统。

为了应对大量用户数据，该方案将不同用户映射到由其购买模式标识的组中。每家商店将其交易矩阵 $\boldsymbol{B}$ 转换为大小为 $G \times P$ 的组评分矩阵（$\boldsymbol{A}$），其中 G 为购买模式数量，P 为产品数量。由于组数（G）远小于用户数，该转换显著简化了每家商店的交易矩阵，使其具有统一的行和列结构。未来的每笔交易均可映射到现有购买模式之一，并通过 SLIM 模型生成产品推荐，如图 7.4 所示。

通过关注产品与购买模式的关系而非用户画像，该方案有效克服了基于用户画像方法的局限性。具体而言，该方法不仅消除了对个人数据的依赖，降低了数据传输成本，还能更好地处理不同商店之间交易集的不平衡问题。当一位无历史数据的顾客进入商店并购买产品时，系统能够快速匹配最合适的购买模式，并在缺乏详细画像的情况下提供精准推荐。

购买模式的确定依赖于无监督聚类算法。联邦学习的初始阶段包括联邦无监督聚类算法的执行。每家商店的交易数据可能仅涵盖部分购买模式。联邦学习机制在本地数据上运行无监督聚类算法，并将模型参数发送至聚合器。这些参数包括聚类质心、聚类半径、整体密度以及不同半径百分位数的密度（如整体半径的 25%）。通过仅发送这些参数，该技术有效隐藏了交易数据和用户信息，同时减少了数据传输量。

聚合器收集所有参数并利用它们识别一组全局聚类。通过提供的参数，聚合器重新生成样本，并应用 K 均值或 KD 树等聚类机制。这些机制通过找到最近的质心并根据两个组件簇的边界合并它们来确定新的质心。结果被发送回每家商店以计算"惯性"指标，即所有样本与相关质心的均方误差。每家商店将本地惯性发送至聚合器，聚合器计算全局惯性。如果全局惯性有所改善，聚合器就保留新的质心并继续优化过程，直到无法进一步改进。最终，这组全局质心被发送回每家商店，用于基于本地数据评估购买模式与产品评级矩阵。

一旦确定购买模式集，交易数据将被转换为组矩阵，其中每个条目表示特定购买模式中购买某产品的频率。交易矩阵中的每一行均为二进制向量，1 表示购买，0 表示未购买。在确定购买模式后，属于每种购买模式的交易数据将用于计算评级矩阵，其中每个条目表示该购买模式中购买某产品的概率。随后，该评级矩阵被传递给 SLIM 模型，以学习聚合矩阵 W。该矩阵最终被发送回每家商店，用于执行前 N 个产品的推荐任务。

7.4.2 新闻推荐应用案例

随着在线信息的爆炸式增长，用户每天面临的新闻数量呈指数级上升，这使得用户难以从海量信息中筛选出真正感兴趣的内容。个性化新闻推荐系统应运而生，旨在帮助用户高效过滤新闻，提升信息获取的精准度和用户体验。然而，大多数现有的新闻推荐方法依赖集中存储用户的历史新闻点击行为数据，这种模式不仅存在隐私泄露的风险，还可能违反日益严格的数据保护法规（如 GDPR）。随着用户数据保护意识的增强，新闻平台在收集和分析用户数据时面临更大的合规压力，急需一种既能保护隐私又能实现高效推荐的解决方案。

联邦学习作为一种隐私保护的分布式模型训练方法，为这一问题提供了新的解决思路。它允许多个客户端在不共享私有数据的情况下协作训练模型，从而在保护用户隐私的同时实现个性化推荐。然而，许多现有的新闻推荐模型（尤其是基于预训练语言模型 PLM 的模型）通常包含数千万参数，导致模型体积庞大。这使得在资源受限的用户设备上进行联邦学习变得不切实际，因为高昂的通信和计算成本限制了其实际应用。

针对这一挑战，文献 [166] 提出了 Efficient-FedRec 框架，旨在通过分解新闻推荐模型来显著降低用户侧的计算和通信成本，同时保持模型的推荐性能。该框架的核心思想是将传统的新闻推荐模型分解为两部分：大型新闻模型和轻量级用户模型。大型新闻模型负责处理新闻内容的复杂特征，而轻量级用户模型则专注于用户行为数据的分析与建模。通过这种分解，Efficient-FedRec 框架不仅减少了用户设备上的计算负担，还优化了联邦学习过程中的通信效率，从而在保护用户隐私的同时，实现了高效且精准的新闻推荐。

具体方案 [195] 如图 7.5 所示，其核心设计包括两个关键模型：①新闻模型（News Model），负责从新闻内容中提取高质量的新闻表示（representations）。在 Efficient-FedRec 中，新闻模型使用了预训练语言模型（PLM），如 BERT，以充分利用其强大的语义理解能力，从而增强新闻建模的效果。②用户模型（User Model），用于从用户的历史点击行为中学习用户表示。用户模型可以采用多种结构实现，这里选择了 NRMS（Neural News Recommendation with Multi-Head Self-attention）

的用户模型，该模型结合了多头自注意力网络和加性注意力网络，能够有效捕捉用户行为的复杂模式。

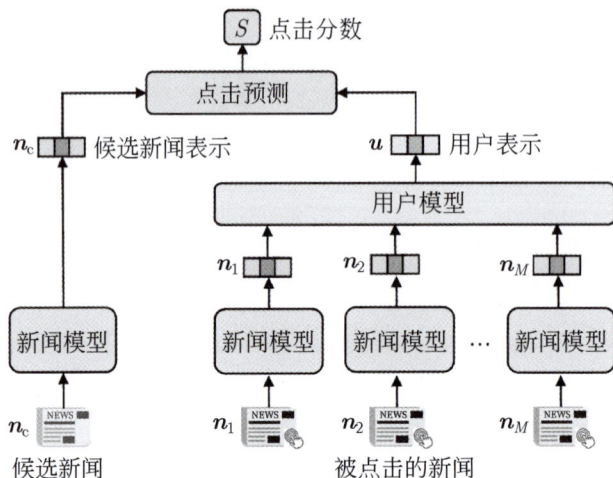

图 7.5　Efficient-FedRec 系统框架图

在每一轮模型更新中，客户端（即用户设备）首先从中央服务器请求与其本地行为相关的用户模型和新闻表示。随后，客户端利用本地数据计算用户模型和新闻表示的梯度，并将这些梯度发送至服务器进行聚合。服务器使用聚合后的梯度更新全局用户模型，并基于新闻表示的梯度更新新闻模型。更新后的新闻模型用于推断新的新闻表示，并将更新后的新闻表示和用户模型分发给所有客户端。

为了进一步增强用户隐私保护，作者们提出了一种基于多方计算框架的安全聚合方法。该方法能够在保护用户隐私的前提下，安全地聚合梯度，从而防止敏感信息的泄露。通过上述设计，Efficient-FedRec 在实现高效新闻推荐模型训练的同时，确保了用户隐私的安全性。这一方案特别适用于需要处理海量用户数据且对隐私保护有严格要求的应用场景，为新闻推荐系统的未来发展提供了重要的技术支撑。

7.5　在金融领域的应用

为了充分挖掘和利用大数据的价值，金融机构之间的协作正逐渐成为金融保险业转型的重要趋势。近年来，多家金融机构已开始探索联邦学习的应用，主要集中在市场营销、反洗钱等关键领域。在金融场景中，联邦学习的应用形式多样：横向联邦学习（HFL）帮助银行训练存款人信用预测模型，而纵向联邦学习（VFL）则协助不同金融机构预测贷款偿还能力。无论是 HFL 还是 VFL，都能够在保护数据隐私的前提下，帮助金融机构更深入地了解用户的投资能力和信用评级分数。在金融领域的联邦学习应用中，参与者通常是不同的金融机构，这些机构保留了用户的投资信息，并在不暴露原始数据的假设下，针对不同的金融任务协作训练全局模型。接下来将详细探讨联邦学习在金融领域的具体应用案例。

7.5.1　反洗钱应用案例

金融犯罪是一种广泛且日益严重的非法活动，涉及滥用、挪用或虚假陈述具有货币价值的实体。其常见形式包括盗窃、欺诈和洗钱（即掩盖货币的真实来源以逃避监管或逃税）。这类犯罪的涉案金额从几十美元到数百亿美元不等，但其负面影响远不止于经济损失，甚至可能引发社会性后果，如恐怖主义融资或导致主要机构和政府垮台的大规模欺诈案件。

为应对这一问题，监管机构要求金融机构采取积极措施打击洗钱活动。金融机构投入大量资源开发合规计划和基础设施，以应对金融犯罪。然而，管理金融犯罪风险面临诸多挑战：一方面，工作量巨大（大型银行可能拥有超过 1 亿用户，每年产生数十亿笔需要筛查的交易）；另一方面，数据可用性有限（当交易跨越银行或国家边界时，对远程交易对手的信息往往知之甚少）。当前的技术手段主要集中于识别异常交易和已知的渎职行为模式，但这种方法常常产生大量误报，需要进一步（通常是人工）审查，以从正常交易中区分出可疑行为。

尽管机器学习在交易监控中具有重要价值，但金融机构通常只能识别与其自身组织相关的可疑活动。这带来了一个难题，因为不良行为者的技术日益复杂，其活动往往跨越多个组织和地区（如利用多家银行进行洗钱）。金融机构逐渐意识到，如果不整合多个组织的数据，部分可疑活动将难以被检测到。然而，监管要求、数据隐私问题以及商业竞争压力使得金融机构之间难以直接共享信息。面对这些挑战，急需一种创新解决方案来检测跨组织的可疑活动。本节介绍了可能的一种将联邦图学习与联邦机器学习相结合的方法，旨在促进多家金融机构的协作，共同训练更高效的洗钱检测模型。

1. 本地特征计算

首先，计算每家金融机构的局部特征。局部特征包括用户的人口统计信息，如账户类型（个人或企业）、业务类型、国家、开户日期以及基于"了解您的用户"（KYC）属性的风险标志。KYC 流程是指用户在开立银行账户时提供个人信息（如驾驶证信息等）以验证其身份的过程。此外，还计算了交易行为的统计特征，如国际电汇、国内电汇、信用、现金、支票等交易的最小值、最大值、平均值和标准差。同时，还计算了图特征，如 egonet、pagerank 和度分布，这些特征类似于单个银行案例中的分析方法。

2. 全局特征计算

接下来，使用隐私保护图计算框架来计算全局特征。全局图特征主要通过对整个交易图和各方关系图的图分析来计算，而无须各方透露自己的图。图特征包括 1 跳/2 跳自网络、循环和时间循环、中间中心性、社区检测等。与局部图特征相比，全局图特征的优势在于，通过从多个图组装子图，可以创建更丰富、更密集的图结构，从而获取更多背景信息，如哪些银行账户可能与不良行为者相关。

在计算全局图特征时，需特别注意隐私保护，以避免泄露任何金融机构的敏感信息。例如，如果存在一个由两家不同金融机构的三个账户组成的交易循环——从金融机构 X 的账户 A 到金融机构 Y 的账户 B，再到金融机构 Y 的账户 C，挑战在于金融机构 Y 的账户 B 到账户 C 的交易不能向金融机构 X 透露。因此，我们需要设计并实现一个安全协议，允许金融机构 X 向金融机构 Y 查询 B 和 C 之间是否存在交易，而无须金融机构 Y 透露敏感信息。

3. 联邦学习

最后，利用前述的局部特征和全局特征构建联邦学习模型。该模型采用集中式联邦学习方法。数据所有者与中央服务器（聚合器）共享模型更新，而聚合器无法访问任何一方的原始数据。中央服务器通常由第三方托管，如金融情报部门（FIU），这是许多成熟金融市场中常见的金融犯罪监管机构。为了进一步增强隐私保护，即使与聚合器共享的模型更新也可以通过差分隐私、安全多方计算或其他加密技术进行严格保护。

其目标是让不同金融机构共同协作，训练一个能够更准确预测可疑洗钱活动的模型。在具体实现中，每家金融机构在其本地数据上进行训练，并将训练模型的参数共享给中央聚合器。聚合器融合所有参数并生成一个全局模型，其权重将被发送回所有协作银行，用于重新初始化本地模型并进行下一轮训练。这一过程将重复进行，直到达到预定的训练轮次或模型精度要求。

该框架专为企业环境中的联邦学习设计，提供了基本结构，支持在其上添加高级功能（如差分隐私和安全多方计算）。它与特定机器学习平台无关，并支持多种学习拓扑结构，如共享聚合器和协议。通过这一框架，金融机构能够在保护数据隐私的同时，协作训练更高效的洗钱检测模型，从而更有效地应对金融犯罪。

7.5.2　信用卡欺诈检测应用案例

欺诈检测是金融领域的一项关键任务，涵盖了信用卡欺诈、账户盗用、虚假交易等多种风险类型。然而，由于金融欺诈行为的复杂性和多样性，仅依赖单一机构的数据往往难以全面识别欺诈模式。同时，隐私保护和数据孤岛问题也严重限制了金融机构之间的协作。联邦学习为此提供了一种创新的解决方案，允许多个机构在不共享原始数据的情况下，联合训练更高效的欺诈检测模型，从而在保护隐私的同时提升检测能力。

在欺诈检测场景中，不同金融机构的用户群体和交易数据存在显著差异。例如，银行拥有大量的账户交易记录，而支付平台则掌握了详细的消费行为信息。通过联邦学习，这些机构能够利用各自的数据训练统一的欺诈检测模型，而无须暴露用户隐私。以信用卡欺诈为例，Visa 和 Mastercard 等支付巨头可以与各大银行合作，通过联邦学习整合欺诈交易模式。在这种模式下，银行提供账户交易特征，支付平台提供消费行为特征，双方共同提升模型的检测能力。

联邦学习的工作流程通常包括以下几个关键步骤：首先，各机构在本地对数据进行预处理，提取与欺诈检测相关的特征（如交易金额、时间、地点、设备信息等）。随后，中央服务器初始化全局模型参数，并将其分发到各参与机构。在本地，每个机构使用自身数据对模型进行训练，计算梯度更新，并将更新结果上传至中央服务器。为了保护隐私，上传的梯度数据通常会经过差分隐私保护或同态加密处理。中央服务器聚合所有机构的梯度更新，更新全局模型，并将其分发给各机构进行下一轮训练。通过多轮迭代，最终形成一个性能优异的欺诈检测模型。

联邦学习在欺诈检测中的优势显而易见。首先，它有效解决了数据孤岛问题，将不同机构的数据优势结合起来，显著提高了欺诈检测的全面性和准确性。例如，研究表明，联邦学习模型在跨机构欺诈检测任务中的准确率较单一机构模型提升了10%～15%。其次，联邦学习在隐私保护方面具有天然优势，原始数据始终保留在本地，符合 GDPR 和 CCPA 等严格的数据保护法规。此外，由于模型能够快速适应新的欺诈行为模式，机构可以更高效地应对不断演变的欺诈手段。

一个典型的实际案例是蚂蚁金服与多家银行的合作。通过联邦学习技术，参与机构联合训练了一个实时欺诈检测系统，覆盖跨境支付和国内消费场景。该系统能够在毫秒级响应时间内检测异常交易，并大幅降低了误报率。这一合作不仅有效减少了交易欺诈带来的经济损失，还确保了用户数据的隐私安全。

展望未来，联邦学习在欺诈检测中的应用潜力巨大。随着隐私增强技术（如多方安全计算和可信执行环境）的不断发展，模型的安全性和性能将进一步提升。此外，联邦学习还可以与深度学习技术相结合，利用更复杂的时空特征来识别欺诈行为。这些技术的融合将推动金融机构构建更智能、更高效的欺诈检测系统，为金融行业的健康发展提供强有力的支持。通过持续创新和技术优化，联邦学习有望成为金融欺诈检测领域的重要基石，为全球金融安全保驾护航。

7.6 联邦大小模型系统的应用

云边协同大小模型的兴起源于云计算和边缘计算在技术优势与应用场景上的互补性。在云计算中，强大的集中式计算能力使其能够轻松运行大规模深度学习模型，这些模型通常具有数百万甚至数十亿个参数，能够处理海量数据并提供高精度的分析结果。然而，云计算的集中性也带来了明显的缺点，如网络延迟、带宽限制以及数据隐私问题。在许多实时性要求高或敏感数据需要本地处理的场景中，单纯依赖云计算并不能满足需求。

与之相对，边缘计算的优势在于其分布式的架构和贴近数据源的特点。边缘设备可以直接在数据生成地进行处理，从而显著减少延迟，并避免因数据上传至云端而可能引发的隐私泄露。然而，边缘设备的计算资源和存储能力通常有限，这使得它们难以运行复杂的大模型。为了在性能和效率之间找到平衡，云边协同成为一种理想的解决方案，通过让边缘设备和云端共同完成计算任务，将二者的优势结合起来。

在实际应用中，云边协同尤为重要。例如，在自动驾驶中，车辆需要实时检测周围的环境，边缘计算可以快速处理摄像头、雷达等传感器的原始数据，从而做出紧急决策；与此同时，云端的大模型可以根据更全面的数据分析路况，为车辆提供全局路径规划支持。在工业物联网领域，边缘设备可以实时监控生产设备的运行状态，而云端则基于收集的历史数据构建精细化预测模型，为生产过程优化提供指导。

此外，随着数据量的持续增长和隐私保护需求的加强，许多领域都需要一种能够在保护数据隐私的同时充分挖掘数据价值的计算模式。云边协同结合大小模型的协作，既能在边缘端运行轻量化模型以降低数据上传需求，又能在云端运行高精度模型以提供更复杂的分析结果。这种模式不仅提高了整体计算效率，还为构建更加智能化的系统奠定了基础。

总的来说，云边协同大小模型算法的背景是应对云计算和边缘计算各自局限性的需求。其目标是通过协同分工最大化利用资源，从而在复杂的实际场景中实现高效、精准、实时的智能化服务。这种协同计算模式正在为智能制造、智慧城市、医疗健康等众多领域带来深远的变革。

云边协同大小模型算法可以通过多种方式协作，这些方式根据任务特点和系统设计需求进行优化，目的是结合边缘设备的实时性和云端的强大计算能力，实现资源高效利用和性能最大化。主要有以下五种协同方式。

（1）模型切分协同：通过划分模型计算任务，将其分布到云端和边缘设备分别执行。这种方式通常将大模型的前几层部署在边缘设备上，以利用其提取初步特征的能力，而后续计算在云端完成，以发挥云计算的强大处理能力。具体实现中，边缘设备通过运行模型的浅层部分提取特征，将提取出的中间特征（如卷积层的激活输出）传输到云端。云端接收到这些特征后，继续运行模型的深层部分完成任务。通过这种方法，原始数据无须直接传输至云端，显著减少了带宽需求，同时也能够保护用户数据隐私。例如，在图像分类任务中，边缘设备可以通过轻量化的卷积网络提取特征，将这些特征传输至云端的更深层模型，由云端执行复杂的分类任务。这种协同方式尤其适用于高带宽和低延迟网络环境。

（2）知识蒸馏协同：通过将云端大模型的知识"蒸馏"到边缘小模型中，使边缘设备即使在资源有限的情况下也能获得接近大模型的推理能力。在这一过程中，云端大模型（通常称为"教师模型"）用于指导边缘小模型（通常称为"学生模型"）的训练。学生模型学习教师模型的输出分布，而不仅仅是训练数据的标签。知识蒸馏协同的优势在于，训练完成后，边缘设备上的小模型可以独立运行，无须频繁与云端通信。这样不仅提升了推理的实时性，还降低了网络负担和隐私风险。云端的大模型仍可用于周期性更新学生模型，确保模型随着环境和数据的变化持续优化。这种方式常见于语音识别、图像处理和自然语言处理等领域。例如，在手机端的语音助手中，边缘小模型通过知识蒸馏从云端学习，以满足低功耗设备对高效推理的需求。

（3）联合推理协同：这是一种动态的协作方式，边缘设备和云端共同参与推理过程。在这种协同模式中，边缘设备首先使用轻量化模型完成初步推理，产生中间结果或候选输出。云端接收这些边缘输出后，利用大模型进一步优化结果。这种方式的典型特点是分工明确：边缘设备负责实时响应和初步计算，而云端则利用全面的上下文信息和更强的计算能力进行深度优化。通过这种联合方式，系统可以在精度和延迟之间找到平衡。例如，在自动驾驶系统中，车辆边缘设备可以实时识别障碍物的位置和类型，并作出初步驾驶决策；而云端可以进一步优化路径规划，提供更高层次的全局导航指令。

（4）分布式模型训练协同：这是云边协同在模型训练过程中的一种应用，尤其适用于大规模深度学习模型的训练。在这一协同方式中，边缘设备和云端共同参与训练任务，数据和计算任务在两端分布式执行。边缘设备保留本地数据并使用这些数据训练模型的局部更新，而云端负责聚合所有边缘设备的局部更新以优化全局模型。这种方法既保护了数据隐私，又充分利用了边缘设备的计算能力。另一种方式是将模型分块训练，如通过流水线并行的方式在边缘设备和云端之间分配不同的训练阶段。这一方式在医疗领域的应用尤为突出。例如，各家医院可以使用本地的患者数据训练模型的局部更新，并将更新结果发送到云端，由云端聚合形成统一的医疗诊断模型，而无须共享敏感的患者数据。

（5）动态任务分配协同：这是一种根据实时网络状况和计算资源分配任务的灵活方式。在实际运行过程中，边缘设备会根据任务的计算需求和延迟要求，动态决定是否将任务传递给云端，或者仅在本地处理。例如，在智能监控系统中，当网络状况良好时，边缘设备可以将高分辨率的视频数据上传至云端，由云端的大模型完成精细化分析；当网络延迟较高时，边缘设备可以启用本地的小模型完成基本的异常检测任务。这种动态调整机制可以显著提升系统的鲁棒性和效率。

云边协同大小模型算法的实现依赖多项关键技术，这些技术从模型设计、通信优化到隐私保护和容错机制等多方面入手，确保云端和边缘设备的协作高效、稳定且具有实际应用价值。通过这些技术的综合运用，可以实现资源与性能的最佳平衡，并满足实时性、隐私性和灵活性等不同需求。

首先，模型轻量化技术是实现云边协同的核心。由于边缘设备的计算和存储资源有限，在边缘端运行的大模型需要经过优化。模型压缩是一种常见的方法，包括剪枝和量化。剪枝通过去除模型中冗余的神经元和连接，减少模型的参数量和计算复杂度；量化则将模型权重从浮点数精度降低到低位整数表示（如 8bit），从而大幅减小模型的内存占用。此外，知识蒸馏技术也广泛应用于云边协同中，通过让边缘的小模型学习云端大模型的知识，使其在轻量化的同时能够接近大模型的性能。近年来，一些专为边缘设备设计的网络架构（如 MobileNet 和 EfficientNet）也进一步提升了边缘推理的效率。

其次，通信优化技术在云边协同中至关重要。因为传输原始数据或大量中间特征会消耗带宽并增加延迟，所以边缘设备和云端之间的通信通常是系统的性能瓶颈。因此，许多算法通过减少传输数据量来优化通信。例如，在模型切分协同中，仅传输中间特征而非原始数据可以显著降低带宽需求。同时，基于稀疏性的特征传输方法也被广泛采用，即只上传对推理结果有重要影响的部分特征。此外，异步通信技术允许边缘设备和云端在不同时间完成计算任务，从而进一步减少通信延迟对系统整体性能的影响。

隐私保护技术是云边协同算法的重要保障，尤其是在数据敏感性较高的应用场景中，如医疗和金融领域。联邦学习是实现数据隐私保护的关键技术之一，通过在边缘设备上训练局部模型，并仅向云端上传模型参数更新而非原始数据，可以在确保数据本地化的同时实现全局模型的优化。此外，差分隐私技术通过对上传的模型更新添加噪声，进一步保护了用户数据免受攻击。结合这两种方法，可以在保证隐私的情况下实现高效的云边协同。

容错机制是云边协同算法的另一重要技术点。在实际部署中，边缘设备可能因硬件故障、网络不稳定或环境变化而无法按计划完成任务。为此，系统需要具备一定的容错能力，以确保协同计算的可靠性。例如，云端可以实现动态任务接管，当边缘设备无法完成计算时，云端能够实时接手任务并完成后续推理。此外，分布式协作算法也可以通过在多个边缘设备之间分配任务，降低单点故障的风险，从而增强系统的鲁棒性。

综合来看，云边协同大小模型算法的实现依赖模型轻量化、通信优化、隐私保护和容错机制等多项关键技术的有机结合。这些技术不仅使得边缘设备能够高效运行轻量化模型，还通过与云端的协作实现了性能和资源利用的双重优化，为复杂多样的实际应用场景提供了强有力的支持。随着相关技术的进一步发展，云边协同算法将在更多领域展现出广阔的应用前景。

7.6.1 智能监控云边协同应用案例

在现代智能监控系统中，云边协同技术正逐步改变传统监控方式。传统的监控系统通常依赖将视频数据直接上传到中心服务器进行处理，这种方式尽管可以利用强大的计算资源完成复杂任务，但会因带宽限制导致高延迟，同时面临数据隐私泄露的风险。而通过云边协同技术，边缘设备和云端的分工协作，使得智能监控系统能够更加高效、安全地运作。

在实际应用中，智能监控系统中的边缘设备通常部署在监控点附近，如摄像头或嵌入式设备。这些设备具备一定的计算能力，能够运行轻量化的深度学习模型。通过这些模型，边缘设备可以实时分析监控视频数据，检测出异常活动或潜在的安全威胁。例如，当监控摄像头检测到某区域内有人长时间逗留、发生剧烈动作，或者出现禁止进入的车辆时，边缘设备可以迅速标记这些事件并生成警报。由于这一检测过程在边缘设备本地完成，系统的响应速度得到了极大提高，同时避免了原始视频数据的传输，减轻了网络带宽负担。

然而，边缘设备的计算能力毕竟有限，在处理一些复杂的事件分析时，单靠边缘端可能无法满足需求。这时，云端的大模型发挥了重要作用。当边缘设备检测到异常后，它可以将相关事件的关键数据（如视频片段或提取的特征）上传至云端，由云端更复杂的大模型进行进一步分析。例如，云端可以通过行为识别模型分析某人的动作是否属于潜在的攻击行为，或者通过目标识别技术精确判断异常物体的种类和特性。云端的强大计算能力使得监控系统可以对异常事件进行深入解读，甚至根据多路摄像头的数据进行全局分析，从而提高整个系统的决策水平。

除了分工协作的计算模式，云边协同还为智能监控系统提供了更高的灵活性和适应性。例如，当边缘设备处于低带宽或网络不稳定的环境下时，系统可以动态调整策略，优先在边缘端进行尽可能多的任务处理，仅在必要时将关键信息传递给云端。反之，在带宽充足的情况下，边缘设备可以将更多数据上传至云端，以实现更高精度的分析结果。这种动态任务分配的能力使得监控系统能够在各种环境下保持高效运行。

智能监控中云边协同技术的应用，不仅提升了系统的实时性和准确性，还增强了数据隐私保护能力。在监控场景中，很多数据具有高度的敏感性，将原始视频数据限制在边缘设备本地处理，可以有效降低隐私泄露的风险，同时符合越来越严格的数据合规要求。对于一些公共安全场景，如地铁站、机场或商业中心的智能监控，这种技术能够在保障用户隐私的前提下，提供更高效和可靠的安保服务。

总的来说，通过云边协同技术，智能监控系统实现了计算任务在边缘设备和云端之间的合理分配，结合了边缘设备的实时性与云端的强大计算能力。这种技术不仅降低了系统的运行成本，还显著提高了监控的效率和安全性，使其成为智慧城市、公共安全和企业管理领域中不可或缺的一部分。未来，随着边缘计算设备性能的不断提升和云边协同算法的优化，智能监控将能够在更多复杂场景中提供更加精准和智能的服务。

7.6.2 自动驾驶云边协同应用案例

自动驾驶技术是现代智能交通的重要组成部分，其目标是通过先进的计算和感知技术，让车辆能够在复杂的交通环境中安全、自主地运行。由于自动驾驶需要实时处理大量的传感器数据并做出快速决策，同时又需依赖全局交通信息进行路径规划，云边协同技术在其中扮演了至关重要的角色。通过边缘设备和云端的高效协作，自动驾驶系统能够实现精准的实时控制与全局优化，为无人驾驶车辆提供可靠支持。

在自动驾驶系统中，边缘设备是部署在车辆上的核心计算单元，通常包括摄像头、激光雷达、毫米波雷达等传感器，以及实时运行的计算模块。这些边缘设备需要对周围环境进行高频次的感知和分析。例如，通过摄像头和深度学习算法，边缘设备可以实时检测道路上的车辆、行人、交通标志以及障碍物的位置和类型。同时，激光雷达提供的 3D 点云数据可用于精准构建周围环境的几何结构。这些数据处理和推理任务需要在毫秒级内完成，以确保车辆能够根据环境变化迅速调整行驶决策。

然而，自动驾驶并不仅仅依赖边缘设备的本地计算能力。在一些复杂场景下，如多车道变换、拥堵路段的动态调整或突发事件的避让，仅凭边缘设备的本地信息难以做出最佳决策。这时，云端的大模型和强大计算资源便可以发挥重要作用。当车辆的边缘设备检测到需要全局优化的任务时，它可以将关键特征数据或初步分析结果上传到云端。云端接收到这些信息后，可以结合交通流量数据、其他车辆的信息以及全局地图，运行复杂的大规模路径规划算法，为车辆提供最佳的导航方案。

这种云边协同模式在路径规划方面具有显著优势。云端可以利用更全面的数据源（如实时交通流、天气条件和道路状况），生成更高效的全局路径规划结果。例如，当云端检测到某条道路前方发生了交通事故，它可以及时更新导航信息，并向所有相关车辆发送避让路线。此外，通过在云端构建车联网框架，可以实现多辆车之间的信息共享，从而在交叉路口、车辆超车或队列行驶等场景下优化协作。

云边协同还在动态任务分配方面展现出灵活性。例如，当车辆行驶在低带宽或信号不稳定的区域时，系统可以优先依赖边缘设备的本地计算能力完成实时决策，如刹车、转向等操作。而当带宽充足时，更多的数据可以传输到云端，以提供更精细的分析结果。这种动态调整机制确保了自动驾驶系统在各种环境中都能够保持稳定运行。

除了实时性和全局优化，云边协同还提升了自动驾驶系统的扩展性和安全性。通过将高复杂度的大模型部署在云端，而边缘设备仅运行轻量化的子模型，车辆可以节省大量的计算资源和能耗。同时，云端的大模型能够不断进行更新和迭代，以适应动态变化的交通环境。此外，云端还可以充当监控中心，当某辆车的边缘设备出现异常或面临极端情况时，云端可以接管计算任务，为车辆提供紧急辅助。

整体来看，云边协同技术为自动驾驶系统带来了多重优势。边缘设备的实时性保证了车辆对局部环境的快速反应，而云端的全局优化能力则提供了更高效的路径规划和协作支持。这种协同模式不仅显著提高了自动驾驶的安全性和效率，还为未来无人驾驶技术在智能交通中的全面普及奠定了基础。随着云计算和边缘设备性能的不断提升，云边协同在自动驾驶领域的应用潜力将会进一步扩大，为构建智能化、互联化的交通体系提供重要支持。

7.6.3　工业物联网云边协同应用案例

在工业物联网中，云边协同技术正成为智能制造的关键推动力量。工业物联网的核心是通过传感器和设备互联，实现对工厂生产设备、运行流程的全面监控和优化。然而，由于工业环境的复杂性以及设备数量的庞大，单纯依赖传统的云计算模式无法满足实时性、可靠性和高效性的要求。云边协同技术通过将计算任务合理分配到边缘设备和云端，克服了这些限制，为工业生产带来了革命性提升。

在工业物联网系统中，边缘设备通常安装在生产线的各个关键节点上，用于实时监控设备状态和采集运行数据。这些边缘设备配备有温度传感器、振动传感器、压力传感器等，以及具备一定计算能力的处理单元。边缘设备能够以高频率采集设备运行数据，并通过预置的算法对数据进行初步分析。例如，它们可以实时监控某台机器的振动频率，判断是否超出正常范围，或者监控设备温度，及时发现可能导致故障的异常情况。一旦检测到异常，边缘设备可以立即发出警报，并触发相关的安全机制，从而避免故障升级对生产线造成损害。

尽管边缘设备在实时监控中具有重要作用，但其计算能力和存储资源毕竟有限，对于更复杂的分析任务需要依赖云端的大规模计算能力。云端通过接收来自边缘设备的数据汇总，可以利用大数据分析和机器学习算法进行长期趋势分析和预测。例如，通过对多个边缘设备上传的振动数据、温度数据和运行日志进行分析，云端可以构建设备的健康状态模型，预测潜在的故障发生时间，从而实现设备的预测性维护。相比于传统的定期维护模式，预测性维护能够显著缩短设备的停机时间和维护成本。

此外，云端的大规模数据处理能力使其能够进行全局优化分析。例如，在拥有多条生产线的大型工厂中，不同生产线的设备可能处于不同的运行状态，边缘设备采集的数据仅反映局部情况。而云端可以通过整合所有边缘设备的数据，分析出整个工厂的生产效率、能耗分布以及潜在的瓶颈问题。基于这些分析结果，云端可以生成优化建议，如重新分配生产任务、调整设备运行参数或优化能源使用，从而提升工厂的整体运营效率。

云边协同技术在工业物联网中的另一大优势是灵活性和鲁棒性。例如，当工厂处于网络不稳定或带宽受限的环境时，边缘设备仍然能够独立完成基本的监控和异常检测任务。而当网络恢复正常后，边缘设备可以将历史数据上传至云端，以补充完整的趋势分析和预测。这种分布式的计算模式不仅提升了系统的抗风险能力，还确保了在各种工况下系统的连续性和可靠性。

最后，云边协同技术还在数据隐私和安全性方面发挥了显著优势。在许多工业场景中，设备运行数据可能包含敏感的商业信息，将这些数据完全上传到云端可能会带来信息泄露的风险。通过在边缘设备本地完成初步分析，仅上传关键特征或处理后的数据，云边协同技术能够在保护数据隐私的同时满足工业系统的分析需求。此外，结合安全协议和加密技术，云边协同技术可以有效抵御网络攻击，保障生产系统的安全性。

云边协同技术为工业物联网带来了显著的性能和效率提升。边缘设备的实时监控确保了设备状态的及时响应，而云端的长期趋势分析和预测能力则支持了全局优化和战略性决策。通过这种协作模式，工业物联网实现了从被动监控到主动优化的转变，推动了智能制造朝更高效、更可靠、更安全的方向发展。随着云边协同技术的不断进步，其在工业物联网中的应用前景将更加广阔，为工业企业实现数字化转型提供坚实的技术支撑。

7.6.4 智慧医疗云边协同应用案例

智慧医疗正迅速成为现代医疗体系的重要组成部分，其目标是通过先进的技术手段提升医疗服务的效率和质量。在这一领域，医疗影像的分析与诊断是一个典型的应用场景。传统的医疗影像分析通常依赖将图像数据上传至云端，由强大的计算资源运行复杂的深度学习模型完成诊断。然而，这种方法面临诸多挑战，如数据传输的高延迟、隐私泄露风险以及云端资源负载过重等。云边协同技术通过将边缘设备与云端协作结合，显著改善了医疗影像分析的效率、可靠性和隐私保护水平。

在智慧医疗系统中，边缘设备通常部署在医疗机构的现场，如医院的影像设备、床旁诊断设备或便携式医疗设备。这些设备不仅能够采集高质量的医学影像，还具备初步处理和分析数据的能力。例如，在 X 射线机、CT 扫描仪或 MRI 设备中，边缘设备可以运行轻量化的深度学习模型，对影像进行预处理并提取重要特征。这些预处理任务包括噪声去除、图像增强以及对特定病灶的初步检测。通过这一过程，边缘设备能够快速生成初步的诊断建议，帮助医生在短时间内判断患者病情，尤其在急诊或重症场景中，这种快速响应能力显得尤为重要。

尽管边缘设备能够完成部分影像分析任务，但其计算能力和存储资源限制了其诊断的全面性和精确性。对于更复杂的病例或需要高精度诊断的情况，云端的强大计算能力成为不可或缺的一部分。当边缘设备完成初步分析后，它可以将处理后的特征数据或部分压缩的图像上传到云端。云端可以运行高性能的大模型，如基于卷积神经网络或混合模型的多任务诊断系统，对影像进行更深入的分析。例如，对于一份肺部 CT 扫描，云端可以基于更精细的特征模型检测早期肺癌、炎症或其他复杂病变，并结合患者的历史病历数据，生成详细的诊断报告。这种结合了边缘快速响应和云端高精度分析的模式，大大提高了诊断的效率和准确性。

此外，云端还可以通过整合来自不同医疗机构的数据，进行大规模的趋势分析和模型优化。例如，通过聚合大量患者的影像数据，云端能够更新诊断模型，使其适应更多样化的病例，提高诊断的普适性。这种全局优化能力是边缘设备无法独立完成的，但借助云边协同技术，二者形成了完美互补。此外，云端还可以为边缘设备提供定期更新的轻量化模型，使得边缘设备的诊断能力不断提升。

云边协同技术在智慧医疗中的另一个重要作用是增强数据隐私和安全性。在医疗影像处理中，数据隐私保护至关重要，因为患者的医疗数据通常包含高度敏感的信息。借助云边协同技术，边缘设备可以在本地完成大部分的数据处理任务，仅上传关键特征或经过脱敏处理后的数据，从而有效降低隐私泄露的风险。此外，结合差分隐私技术和联邦学习框架，云端能够在保护各医疗机构数据独立性的前提下，进行模型训练和优化，实现多方数据共享下的协同诊断。

最后，云边协同技术还显著增强了智慧医疗系统的可扩展性和灵活性。对于大型医院，云边协同技术可以通过集中云端资源处理复杂的影像分析需求，同时支持多部门、多科室的协作。而对于偏远地区的小型诊所或基层医疗机构，边缘设备的本地分析能力能够弥补专业医疗资源的不足，在有限的条件下为患者提供基础诊断服务。这种模式为医疗资源的公平分配和高效利用提供了技术支撑。

总之，云边协同技术在智慧医疗中的应用，为医疗影像分析与诊断注入了全新的活力。边缘设备的实时处理能力为临床医生提供了快速、初步的诊断支持，而云端的高精度分析则进一步提升了诊断结果的准确性和全面性。这种协同方式不仅优化了医疗资源的利用效率，还通过数据隐私保护技术构建了更加安全可靠的医疗数据分析体系。未来，随着云边协同技术的不断发展，它将在智慧医疗的更多领域发挥重要作用，为患者提供更加优质的医疗服务，同时推动医疗行业朝数字化、智能化方向迈进。

参考文献

[1] Jacob Devlin. Bert: Pre-training of deep bidirectional transformers for language understanding. In: arXiv preprint arXiv:1810.04, 2018.

[2] Brendan McMahan, Eider Moore, Daniel Ramage, et al. Communication efficient learning of deep networks from decentralized data. In: Artificial Intelligence and Statistics. PMLR, 2017: 1273–1282.

[3] Jerome H Friedman. Greedy function approximation: a gradient boosting machine. In: Annals of Statistics, 2001: 1189–1232.

[4] Wojciech Zaremba. Recurrent neural network regularization. In: arXiv preprint arXiv:1409.2329, 2014.

[5] Yann LeCun, Léon Bottou, Yoshua Bengio, et al. Gradient-based learning applied to document recognition. In: Proceedings of the IEEE, 1998, 86(11): 2278–2324.

[6] Qiang Yang, Yang Liu, Tianjian Chen, et al. Federated machine learning: Concept and applications. In: ACM Transactions on Intelligent Systems and Technology (TIST), 2019, 10(2): 1–19.

[7] Kewei Cheng, Tao Fan, Yilun Jin, et al. Secureboost: A lossless federated learning framework. In: IEEE Intelligent Systems, 2021, 36(6): 87–98.

[8] Yang Liu, Yan Kang, Chaoping Xing, et al. A secure federated transfer learning framework. In: IEEE Intelligent Systems, 2020, 35(4): 70–82.

[9] Qinghe Jing, Weiyan Wang, Junxue Zhang, et al. Quantifying the performance of federated transfer learning. In: arXiv preprint arXiv:1912.12795, 2019.

[10] 杨强, 刘洋, 程勇, 等. 联邦学习. 北京: 电子工业出版社, 2020.

[11] Micah J Sheller, Brandon Edwards, G Anthony Reina, et al. Federated learning in medicine: facilitating multi-institutional collaborations without sharing patient data. In: Scientific Reports, 2020, 10(1): 12598.

[12] Nicola Rieke, Jonny Hancox, Wenqi Li, et al. The future of digital health with federated learning. In: NPJ Digital Medicine, 2020, 3(1): 1–7.

[13] Jie Xu, Benjamin S Glicksberg, Chang Su, et al. Federated learning for healthcare informatics. In: Journal of Healthcare Informatics Research, 2021, 5: 1–19.

[14] Georgios A Kaissis, Marcus R Makowski, Daniel Rückert, et al. Secure, privacy-preserving and federated machine learning in medical imaging. In: Nature Machine Intelligence, 2020, 2(6): 305–311.

[15] Wenqi Li, Fausto Milletarì, Daguang Xu, et al. Privacy-preserving federated brain tumour segmentation. In: Machine Learning in Medical Imaging: 10th International Workshop, MLMI 2019, 2019: 133–141.

[16] Stephen Hardy, Wilko Henecka, Hamish Ivey-Law, et al. Private federated learning on vertically partitioned data via entity resolution and additively homomorphic encryption. In: arXiv preprint arXiv:1711.10677, 2017.

[17] Dinh C Nguyen, Ming Ding, Pubudu N Pathirana, et al. Federated learning for internet of things: A comprehensive survey. In: IEEE Communications Surveys & Tutorials, 2021, 23(3): 1622–1658.

[18] Keith Bonawitz, Hubert Eichner, Wolfgang Grieskamp, et al. Towards federated learning at scale: System design. In: Proceedings of Machine Learning and Systems, 2019, 1: 374–388.

[19] Andrew Hard, Kanishka Rao, Rajiv Mathews, et al. Federated learning for mobile keyboard prediction. In: arXiv preprint arXiv:1811.03604, 2018.

[20] Shiva Raj Pokhrel, Jinho Choi. Federated learning with blockchain for autonomous vehicles: Analysis and design challenges. In: IEEE Transactions on Communications, 2020, 68(8): 4734–4746.

[21] Theodora S Brisimi, Ruidi Chen, Theofanie Mela, et al. Federated learning of predictive models from federated electronic health records. In: International Journal of Medical Informatics, 2018, 112: 59–67.

[22] Xiaojin Zhang, Hanlin Gu, Lixin Fan, et al. No free lunch theorem for security and utility in federated learning. In: ACM Transactions on Intelligent Systems and Technology, 2022, 14(1): 1–35.

[23] Jonas Geiping, Hartmut Bauermeister, Hannah Dröge, et al. Inverting gradients-how easy is it to break privacy in federated learning? In: Advances in Neural Information Processing Systems, 2020, 33: 16937–16947.

[24] Ligeng Zhu, Zhijian Liu, Song Han. Deep leakage from gradients. In: Advances in Neural Information Processing Systems, 2019.

[25] Ian Goodfellow, Jean Pouget-Abadie, Mehdi Mirza, et al. Generative adversarial nets. In: Advances in Neural Information Processing Systems, 2014.

[26] Hanlin Gu, Xinyuan Zhao, Gongxi Zhu, et al. A theoretical analysis of efficiency constrained utility-privacy bi-objective optimization in federated learning. In: arXiv preprint arXiv:2312.165, 2023.

[27] Xiaojin Zhang, Yan Kang, Kai Chen, et al. Trading Off Privacy, Utility, and Efficiency in Federated Learning. In: ACM Trans. Intell. Syst. Technol., 2023, 14(6). ISSN: 2157-6904.

[28] Yan Kang, Hanlin Gu, Xingxing Tang, et al. Optimizing privacy, utility and efficiency in constrained multi-objective federated learning. In: arXiv preprint arXiv:2305.00312, 2023.

[29] Xiaojin Zhang, Anbu Huang, Lixin Fan, et al. Probably approximately correct federated learning. In: arXiv preprint arXiv:2304.04641, 2023.

[30] Xiaojin Zhang, Kai Chen, Qiang Yang. Towards achieving near-optimal utility for privacy-preserving federated learning via data generation and parameter distortion. In: arXiv preprint arXiv:2305.04288, 2023.

[31] Amirata Ghorbani ,James Zou. Data shapley: Equitable valuation of data for machine learning. In: International Conference on Machine Learning. PMLR, 2019: 2242–2251.

[32] Naman Agarwal, Ananda Theertha Suresh, Felix Xinnan X Yu, et al. cpSGD: Communication-efficient and differentially-private distributed SGD. In: Advances in Neural Information Processing Systems, 2018.

[33] Tian Li, Anit Kumar Sahu, Ameet Talwalkar, et al. Federated learning: Challenges, methods, and future directions. In: IEEE Signal Processing Magazine, 2020, 37(3): 50–60.

[34] Hongyi Wang, Mikhail Yurochkin, Yuekai Sun, et al. Federated learning with matched averaging. In: arXiv preprint arXiv:2002.06440, 2020.

[35] Mehryar Mohri, Gary Sivek, Ananda Theertha Suresh. Agnostic federated learning. In: International Conference on Machine Learning. PMLR, 2019: 4615–4625.

[36] Alireza Fallah, Aryan Mokhtari, Asuman Ozdaglar. Personalized federated learning with theoretical guarantees: A model-agnostic meta-learning approach. In: Advances in Neural Information Processing Systems, 2020, 33: 3557–3568.

[37] Yijue Wang, Jieren Deng, Dan Guo, et al. Sapag: A self-adaptive privacy attack from gradients. In: arXiv preprint arXiv:2009.06228, 2020.

[38] Junyi Zhu, Matthew Blaschko. R-gap: Recursive gradient attack on privacy. In: arXiv preprint arXiv:2010.07733, 2020.

[39] Xiao Jin, Pin-Yu Chen, Chia-Yi Hsu, et al. Cafe: Catastrophic data leakage in vertical federated learning. In: Advances in Neural Information Processing Systems, 2021, 34: 994–1006.

[40] Milad Nasr, Reza Shokri, Amir Houmansadr. Comprehensive privacy analysis of deep learning: Passive and active white-box inference attacks against centralized and federated learning. In: 2019 IEEE Symposium on Security and Privacy (SP). IEEE, 2019: 739–753.

[41] Shahbaz Rezaei and Xin Liu. Towards the Infeasibility of Membership Inference on Deep Models. In: arXiv preprint arXiv:2005.13702, 2020.

[42] Reza Shokri, Marco Stronati, Congzheng Song, et al. Membership inference attacks against machine learning models. In: 2017 IEEE Symposium on Security and Privacy (SP). IEEE, 2017: 3–18.

[43] Ahmed Salem, Yang Zhang, Mathias Humbert, et al. ML-Leaks: Model and Data Independent Membership Inference Attacks and Defenses on Machine Learning Models. In: Annual Network and Distributed System Security Symposium (NDSS), 2019. published.

[44] Samuel Yeom, Irene Giacomelli, Matt Fredrikson, et al. Privacy risk in machine learning: Analyzing the connection to overfitting. In: 2018 IEEE 31st Computer Security Foundations Symposium (CSF). IEEE, 2018: 268–282.

[45] Alexandre Sablayrolles, Matthijs Douze, Yann Ollivier, et al. White-box vs black-box: Bayes optimal strategies for membership inference. In: International Conference on Machine Learning (ICML). PMLR, 2019.

[46] Liwei Song,Prateek Mittal. Systematic evaluation of privacy risks of machine learning models. In: arXiv preprint arXiv:2003.10595, 2020.

[47] Christopher A Choquette Choo, Florian Tramer, Nicholas Carlini, et al. Label-only membership inference attacks. In: arXiv preprint arXiv:2007.14321, 2020.

[48] Bo Hui, Yuchen Yang, Haolin Yuan, et al. Practical Blind Membership Inference Attack via Differential Comparisons. In: arXiv preprint arXiv:2101.01341, 2021.

[49] Stacey Truex, Ling Liu, Mehmet Emre Gursoy, et al. Demystifying membership inference attacks in machine learning as a service. In: IEEE Transactions on Services Computing, 2019.

[50] Nicholas Carlini, Steve Chien, Milad Nasr, et al. Membership inference attacks from first principles. In: 2022 IEEE Symposium on Security and Privacy (SP). IEEEl, 2022: 1897–1914.

[51] Oualid Zari, Chuan Xu, Giovanni Neglia. Efficient passive membership inference attack in federated learning. In: arXiv preprint arXiv:2111.00430, 2021.

[52] Jiacheng Li, Ninghui Li, Bruno Ribeiro. Effective passive membership inference attacks in federated learning against overparameterized models. In: The Eleventh International Conference on Learning Representations,2022.

[53] Matthew Fredrikson, Eric Lantz, Somesh Jha, et al. Privacy in pharmacogenetics: An {End-to-End} case study of personalized warfarin dosing. In: 23rd USENIX Security Symposium (USENIX Security 14), 2014: 17–32.

[54] Matt Fredrikson, Somesh Jha, Thomas Ristenpart. Model inversion attacks that exploit confidence information and basic countermeasures. In: Proceedings of the 22nd ACM SIGSAC Conference on Computer and Communications Security, 2015: 1322–1333.

[55] Briland Hitaj, Giuseppe Ateniese, Fernando Perez-Cruz. Deep models under the GAN: information leakage from collaborative deep learning. In: Proceedings of the 2017 ACM SIGSAC Conference on Computer and Communications Security, 2017: 603–618.

[56] Giuseppe Ateniese, Luigi V Mancini, Angelo Spognardi, et al. Hacking smart machines with smarter ones: How to extract meaningful data from machine learning classifiers. In:International Journal of Security and Networks, 2015, 10(3): 137–150.

[57] Karan Ganju, Qi Wang, Wei Yang, et al. Property inference attacks on fully connected neural networks using permutation invariant representations. In: Proceedings of the 2018 ACM SIGSAC Conference on Computer and Communications Security, 2018: 619–633.

[58] Luca Melis, Congzheng Song, Emiliano De Cristofaro, et al. Exploiting unintended feature leakage in collaborative learning. In: 2019 IEEE Symposium on Security and Privacy (SP). IEEE, 2019: 691–706.

[59] Eugene Bagdasaryan, Andreas Veit, Yiqing Hua, et al. How to backdoor federated learning. In: International Conference on Artificial Intelligence and Statistics. PMLR, 2020: 2938–2948.

[60] Chulin Xie, Keli Huang, Pin-Yu Chen, et al. Dba: Distributed backdoor attacks against federated learning. In: International Conference on Learning Representation, 2019.

[61] Anbu Huang. Dynamic backdoor attacks against federated learning. In: arXiv preprint arXiv:2011.07429, 2020.

[62] Ji Feng, Qi-Zhi Cai, Zhi-Hua Zhou. Learning to confuse: Generating training time adversarial data with auto-encoder. In: Advances in Neural Information Processing Systems, 2019.

[63] Junyu Shi, Wei Wan, Shengshan Hu, et al. Challenges and approaches for mitigating byzantine attacks in federated learning. In: 2022 IEEE International Conference on Trust, Security and Privacy in Computing and Communications (Trust-Com). IEEE, 2022: 139–146.

[64] Minghong Fang, Xiaoyu Cao, Jinyuan Jia, et al. Local model poisoning attacks to {Byzantine-Robust} federated learning. In: 29th USENIX Security Symposium (USENIX Security 20), 2020: 1605–1622.

[65] Alon Halevy, Peter Norvig, Fernando Pereira. The unreasonable effectiveness of data. In: IEEE Intelligent Systems, 2009, 24(2): 8–12.

[66] Taesung Lee, Benjamin Edwards, Ian Molloy, et al. Defending against model stealing attacks using deceptive perturbations. In: arXiv preprint arXiv:1806.00054, 2018.

[67] Jeff Barnes. Azure machine learning. In: Microsoft Azure Essentials. Microsoft, 2015.

[68] Blaine Nelson, Benjamin IP Rubinstein, Ling Huang, et al. Query Strategies for Evading Convex-Inducing Classifiers. In: Journal of Machine Learning Research, 2012, 13(5).

[69] Erwin Quiring, Daniel Arp, Konrad Rieck. Forgotten siblings: Unifying attacks on machine learning and digital watermarking. In: 2018 IEEE European Symposium on Security and Privacy (EuroS&P). IEEE, 2018: 488–502.

[70] Seong Joon Oh, Bernt Schiele, Mario Fritz. Towards reverse-engineering black-box neural networks. In: Explainable AI: Interpreting, Explaining and Visualizing Deep Learning, 2019: 121–144.

[71] Cynthia Dwork. Differential privacy: A survey of results. In: International Conference on Theory and Applications of Models of Computation. Springer, 2008: 1–19.

[72] Peter Kairouz, Sewoong Oh, Pramod Viswanath. Extremal mechanisms for local differential privacy. In: Advances in Neural Information Processing Systems, 2014.

[73] Zhan Qin, Yin Yang, Ting Yu, et al. Heavy hitter estimation over set-valued data with local differential privacy. In: Proceedings of the 2016 ACM SIGSAC Conference on Computer and Communications Security, 2016: 192–203.

[74] Andrew C Yao. Protocols for secure computations. In: 23rd Annual Symposium on Foundations of Computer Science (sfcs 1982). IEEE, 1982: 160–164.

[75] Dan Bogdanov, Sven Laur, Jan Willemson. Sharemind: A framework for fast privacy-preserving computations. In: Computer Security-ESORICS 2008: 13th European Symposium on Research in Computer Security, 2008: 192–206.

[76] Lizhi Xiong, Xiao Han, Ching-Nung Yang, et al. Robust reversible watermarking in encrypted image with secure multi-party based on lightweight cryptography. In: IEEE transactions on circuits and systems for video technology, 2021, 32(1): 75–91.

[77] Jian An, Zhenxing Wang, Xin He, et al. Know where you are: A practical privacy-preserving semi-supervised indoor positioning via edge-crowdsensing. In: IEEE Transactions on Network and Service Management, 2021, 18(4): 4875–4887.

[78] Keith Bonawitz, Vladimir Ivanov, Ben Kreuter, et al. Practical secure aggregation for privacy-preserving machine learning. In: proceedings of the 2017 ACM SIGSAC Conference on Computer and Communications Security, 2017: 1175–1191.

[79] Yi Xu, Changgen Peng, Weijie Tan, et al. Non-interactive verifiable privacy-preserving federated learning. In: Future Generation Computer Systems, 2022, 128: 365–380.

[80] Weiru Wang, Yanfen Gan, Chi-Man Vong, et al. Homo-ELM: fully homomorphic extreme learning machine. In: International Journal of Machine Learning and Cybernetics, 2020, 11(7): 1531–1540.

[81] Valeria Nikolaenko, Udi Weinsberg, Stratis Ioannidis, et al. Privacy-preserving ridge regression on hundreds of millions of records. In: 2013 IEEE symposium on security and privacy. IEEE, 2013: 334–348.

[82] Chengliang Zhang, Suyi Li, Junzhe Xia, et al. {BatchCrypt}: Efficient homomorphic encryption for {Cross-Silo} federated learning. In: 2020 USENIX annual technical conference (USENIX ATC 20), 2020: 493–506.

[83] Changhan Wang, Morgane Riviere, Ann Lee, et al. VoxPopuli: A Large-Scale Multilingual Speech Corpus for Representation Learning, Semi-Supervised Learning and Interpretation. In: Proceedings of the 59th Annual Meeting of the Association for Computational Linguistics and the 11th International Joint Conference on Natural Language Processing (Volume 1: Long Papers), 2021: 993–1003.

[84] Jia Deng, Wei Dong, Richard Socher, et al. Imagenet: A large-scale hierarchical image database. In: 2009 IEEE conference on computer vision and pattern recognition. IEEE, 2009: 248–255.

[85] Ciprian Chelba, Tomas Mikolov, Mike Schuster, et al. One billion word benchmark for measuring progress in statistical language modeling. In: arXiv preprint arXiv:1312.3005, 2013.

[86] Yukun Zhu, Ryan Kiros, Rich Zemel, et al. Aligning books and movies: Towards story-like visual explanations by watching movies and reading books. In: Proceedings of the IEEE international conference on computer vision, 2015: 19–27.

[87] Florian Tramèr, Fan Zhang, Ari Juels, et al. Stealing Machine Learning Models via Prediction APIs. In: USENIX Security Symposium, 2016(16): 601–618.

[88] Nicolas Papernot, Patrick McDaniel, Ian Goodfellow, et al. Practical black-box attacks against machine learning. In: Proceedings of the 2017 ACM on Asia Conference on Computer and Communications Security, 2017: 506–519.

[89] Mika Juuti, Sebastian Szyller, Samuel Marchal, et al. PRADA: protecting against DNN model stealing attacks. In: 2019 IEEE European Symposium on Security and Privacy (Eu-roS&P). IEEE, 2019: 512–527.

[90] Yusuke Uchida, Yuki Nagai, Shigeyuki Sakazawa, et al. Embedding watermarks into deep neural networks. In: Proceedings of the 2017 ACM on International Conference on Multimedia Retrieval, 2017: 269–277.

[91] Lixin Fan, Kam Woh Ng, Chee Seng Chan. Rethinking deep neural network ownership verification: Embedding passports to defeat ambiguity attacks. In: Advances in Neural Information Processing Systems, 2019.

[92] Peizhuo Lv, Pan Li, Shengzhi Zhang, et al. HufuNet: embedding the left piece as watermark and keeping the right piece for ownership verification in deep neural networks.In: arXiv preprint arXiv:2103.13628, 2021.

[93] Yossi Adi, Carsten Baum, Moustapha Cisse, et al. Turning your weakness into a strength: Watermarking deep neural networks by backdooring. In: 27th {USENIX} Security Symposium ({USENIX} Security 18), 2018: 1615–1631.

[94] Jialong Zhang, Zhongshu Gu, Jiyong Jang, et al. Protecting intellectual property of deep neural networks with watermarking. In: Proceedings of the 2018 on Asia Conference on Computer and Communications Security, 2018: 159–172.

[95] Zheng Li, Chengyu Hu, Yang Zhang, et al. How to prove your model belongs to you: A blind-watermark based framework to protect intellectual property of DNN. In: Proceedings of the 35th Annual Computer Security Applications Conference, 2019: 126–137.

[96] Lixin Fan, Chee Seng Chan, Qiang Yang. Digital Watermarking for Machine Learning Model.

[97] Buse Gul Atli, Yuxi Xia, Samuel Marchal, et al. WAFFLE: watermarking in federated learning. In: arXiv preprint arXiv:2008.07, 2020.

[98] Xiyao Liu, Shuo Shao, Yue Yang, et al. Secure federated learning model verification: A client-side backdoor triggered watermarking scheme. In: 2021 IEEE International Conference on Systems, Man, and Cybernetics (SMC). IEEE, 2021: 2414–2419.

[99] Bowen Li, Lixin Fan, Hanlin Gu, et al. FedIPR: Ownership verification for federated deep neural network models. In: IEEE Transactions on Pattern Analysis and Machine Intelligence, 2022, 45(4): 4521–4536.

[100] Lixin Fan, Kam Woh Ng, Chee Seng Chan, et al. Deepipr: Deep neural network ownership verification with passports. In: IEEE Transactions on Pattern Analysis and Machine Intelligence, 2021, 44(10): 6122–6139.

[101] Yihan Jiang, Jakub Konečnỳ, Keith Rush, et al. Improving federated learning personalization via model agnostic meta learning. In: arXiv preprint arXiv:1909.12488, 2019.

[102] Alysa Ziying Tan, Han Yu, Lizhen Cui, et al. Towards personalized federated learning. In: IEEE Transactions on Neural Networks and Learning Systems, 2022, 34(12): 9587–9603.

[103] Sai Praneeth Karimireddy, Satyen Kale, Mehryar Mohri, et al. SCAFFOLD: Stochastic Controlled Averaging for Federated Learning. In: ICML, 2020: 5132–5143.

[104] Xiang Li, Kaixuan Huang, Wenhao Yang, et al. On the Con-vergence of FedAvg on Non-IID Data. In: ICLR, 2020.

[105] Felix Sattler, Klaus-Robert Müller, Wojciech Samek. Clustered federated learning: Model-agnostic distributed multi-task optimization under privacy constraints. In: IEEE Transactions on Neural Networks and Learning Systems, 2020, 32(8): 3710–3722.

[106] Timothy Hospedales, Antreas Antoniou, Paul Micaelli, et al. Meta-learning in neural networks: A survey. In: IEEE Transactions on Pattern Analysis and Machine Intelligence, 2021, 44(9): 5149–5169.

[107] Chelsea Finn, Pieter Abbeel, Sergey Levine. Model-agnostic meta-learning for fast adaptation of deep networks. In: International Conference on Machine Learning. PMLR, 2017: 1126–1135.

[108] Mikhail Khodak, Maria-Florina F Balcan, Ameet S Talwalkar. Adaptive gradient-based meta-learning methods. In: Advances in Neural Information Processing Systems, 2019.

[109] Manoj Ghuhan Arivazhagan, Vinay Aggarwal, Aaditya Kumar Singh, et al. Federated learning with personalization layers. In: arXiv preprint arXiv:1912.00818, 2019.

[110] Aniruddh Raghu, Maithra Raghu, Samy Bengio, et al. Rapid learning or feature reuse? towards understanding the effectiveness of maml. In: arXiv preprint arXiv:1909.09157, 2019.

[111] Tian Li, Anit Kumar Sahu, Manzil Zaheer, et al. Federated Optimization in Heterogeneous Networks. In: MLSys, 2020: 429–450.

[112] Xin Yao, Lifeng Sun. Continual Local Training for Better Initialization of Federated Models. In: IEEE ICIP, 2020: 1736–1740.

[113] James Kirkpatrick, Razvan Pascanu, Neil Rabinowitz et al. Overcoming Catastrophic Forgetting in Neural Networks. In: PNAS, 2017, 114(13): 3521–3526.

[114] Qinbin Li, Bingsheng He, Dawn Song. Model-Contrastive Federated Learning. In: CVPR, 2021: 10713–10722.

[115] Rich Caruana. Multitask learning. In: Machine Learning, 1997: 41–75.

[116] Geoffrey Hinton. Distilling the Knowledge in a Neural Network. In: arXiv preprint arXiv:1503.02531, 2015.

[117] Zhi-Hua Zhou, Yuan Jiang. NeC4.5: neural ensemble based C4.5. In: IEEE Transactions on Knowledge and Data Engineering (TKDE) IEEE, 2024: 770–773.

[118] Tao Shen, Jie Zhang, Xinkang Jia, et al. Federated mutual learning. In: arXiv preprint arXiv:2006.16765, 2020.

[119] Daliang Li, Junpu Wang. Fedmd: Heterogenous federated learning via model distillation. In: arXiv preprint arXiv:1910.03, 2019.

[120] Ruoxi Jia, David Dao, Boxin Wang, et al. Efficient task-specific data valuation for nearest neighbor algorithms. In: arXiv preprint arXiv:1908.08619, 2019.

[121] Ruoxi Jia, David Dao, Boxin Wang, et al. Towards efficient data valuation based on the shapley value. In: The 22nd International Conference on Artificial Intelligence and Statistics. PMLR, 2019: 1167–1176.

[122] Tianshu Song, Yongxin Tong, Shuyue Wei. Profit allocation for federated learning. In: 2019 IEEE International Conference on Big Data (Big Data). IEEE, 2019: 2577–2586.

[123] Tianhao Wang, Johannes Rausch, Ce Zhang, et al. A principled approach to data valuation for federated learning. In: Federated Learning: Privacy and Incentive, 2020: 153–167.

[124] Bingjie Yan, Boyi Liu, Lujia Wang, et al. Fedcm: A real-time contribution measurement method for participants in federated learning. In: 2021 International Joint Conference on Neural Networks (IJCNN). IEEE, 2021: 1–8.

[125] Hongda Wu ,Ping Wang. Fast-convergent federated learning with adaptive weighting. In: IEEE Transactions on Cognitive Communications and Networking, 2021, 7(4): 1078–1088.

[126] Xiaoyu Cao, Minghong Fang, Jia Liu, et al. Fltrust: Byzantine-robust federated learning via trust bootstrapping. In: arXiv preprint arXiv:2012.13995, 2020.

[127] Zhenan Fan, Huang Fang, Zirui Zhou, et al. Improving fairness for data valuation in horizontal federated learning. In: 2022 IEEE 38th International Conference on Data Engineering (ICDE). IEEE, 2022: 2440–2453.

[128] Zhenan Fan, Huang Fang, Zirui Zhou, et al. Fair and efficient contribution valuation for vertical federated learning. In: arXiv preprint arXiv:2201.02658, 2022.

[129] Shuyue Wei, Yongxin Tong, Zimu Zhou, et al. Efficient and fair data valuation for horizontal federated learning. In: Federated Learning: Privacy and Incentive, 2020, 139–152.

[130] Zelei Liu, Yuanyuan Chen, Han Yu, et al. Gtg-shapley: Efficient and accurate participant contribution evaluation in federated learning. In: ACM Transactions on intelligent Systems and Technology (TIST), 2022, 13(4): 1–21.

[131] Edward J Hu, Yelong Shen, Phillip Wallis, et al. Lora: Low-rank adaptation of large language models. In: arXiv preprint arXiv:2106.09685, 2021.

[132] Neil Houlsby, Andrei Giurgiu, Stanislaw Jastrzebski, et al. Parameter-efficient transfer learning for NLP. In: International Conference on Machine Learning. PMLR, 2019: 2790–2799.

[133] Rui Ye, Wenhao Wang, Jingyi Chai, et al. Openfedllm: Training large language models on decentralized private data via federated learning. In: Proceedings of the 30th ACM SIGKDD Conference on Knowledge Discovery and Data Mining, 2024: 6137–6147.

[134] Rui Ye, Rui Ge, Xinyu Zhu, et al. FedLLM-Bench: Realistic Benchmarks for Federated Learning of Large Language Models. In: arXiv preprint arXiv:2406.04845, 2024.

[135] Haoran Li, Xinyuan Zhao, Dadi Guo, et al. Federated Domain-Specific Knowledge Transfer on Large Language Models Using Synthetic Data. In: arXiv preprint arXiv:2405.14212, 2024.

[136] Chulin Xie, Zinan Lin, Arturs Backurs, et al. Differentially private synthetic data via foundation model apis 2: Text. In: arXiv preprint arXiv:2403.01749, 2024.

[137] Meng Tong, Kejiang Chen, Yuang Qi, et al. Privinfer: Privacy-preserving inference for black-box large language model. In: arXiv preprint arXiv:2310.12214, 2023.

[138] Tao Fan, Guoqiang Ma, Yan Kang, et al. FedMKT: Federated Mutual Knowledge Transfer for Large and Small Language Models. In: arXiv preprint arXiv:2406.02224, 2024.

[139] Leslie Lamport, Robert Shostak, Marshall Pease. The Byzantine generals problem. In: Concurrency: the Works of Leslie Lamport,2019: 203–226.

[140] Jacob Steinhardt, Pang Wei W Koh, Percy S Liang. Certified defenses for data poisoning attacks. In: Advances in Neural Information Processing Systems, 2017.

[141] Arjun Nitin Bhagoji, Supriyo Chakraborty, Prateek Mittal, et al. Analyzing federated learning through an adversariallens. In: International Conference on Machine Learning. PMLR, 2019: 634–643.

[142] Miguel Castro, Barbara Liskov, et al. Practical byzantine fault tolerance. In: OsDI. 1999(99): 173–186.

[143] Maofan Yin, Dahlia Malkhi, Michael K Reiter, et al. Hot-Stuff: BFT consensus in the lens of blockchain. In: arXiv preprint arXiv:1803.05069, 2018.

[144] Peva Blanchard, El Mahdi El Mhamdi, Rachid Guerraoui, et al. Machine learning with adversaries: Byzantine tolerant gradient descent. In: Advances in Neural Information Processing Systems, 2017.

[145] El Mahdi El Mhamdi, Rachid Guerraoui, Sébastien Rouault. The hidden vulnerability of distributed learning in byzantium. In: arXiv preprint arXiv:1802.07927, 2018.

[146] Dong Yin, Yudong Chen, Ramchandran Kannan, et al. Byzantine-robust distributed learning: Towards optimal statistical rates. In: International Conference on Machine Learning. Pmlr, 2018: 5650–5659.

[147] Adnan Qayyum, Kashif Ahmad, Muhammad Ahtazaz Ahsan, et al. Collaborative federated learning for healthcare: Multi-modal covid-19 diagnosis at the edge. In: IEEE Open Journal of the Computer Society, 2022: 172–184.

[148] Qiong Wu, Xu Chen, Zhi Zhou, et al. Fedhome: Cloud-edge based personalized federated learning for in-home health monitoring. In: IEEE Transactions on Mobile Computing, 2020, 21(8): 2818–2832.

[149] Yiqiang Chen, Xin Qin, Jindong Wang, et al. Fedhealth: A federated transfer learning framework for wearable healthcare. In: IEEE Intelligent Systems, 2020, 35(4): 83–93.

[150] Dianbo Liu, Dmitriy Dligach, Timothy Miller. Two-stage federated phenotyping and patient representation learning. In: Proceedings of the conference. Association for Computational Linguistics. Meeting. NIH Public Access, 2019: 283.

[151] Gautham Krishna Gudur, Satheesh K Perepu. Federated learning with heterogeneous labels and models for mobile activity monitoring. In: arXiv preprint arXiv:2012.02539, 2020.

[152] Dianbo Liu, Kathe Fox, Griffin Weber, et al. Confederated machine learning on horizontally and vertically separated medical data for large-scale health system intelligence. In: arXiv preprint arXiv:1910.02109, 2019.

[153] Xiaohang Xu, Hao Peng, Lichao Sun, et al. Fedmood: Federated learning on mobile health data for mood detection. In: arXiv preprint arXiv:2102.09342, 2021.

[154] Xiaoqing Tan, Chung-Chou H Chang, Ling Zhou, et al. A tree-based model averaging approach for personalized treatment effect estimation from heterogeneous data sources. In:International Conference on Machine Learning. PMLR, 2022: 21013–21036.

[155] Zengqiang Yan, Jeffry Wicaksana, Zhiwei Wang, et al. Variation-aware federated learning with multi-source decentralized medical image data. In: IEEE Journal of Biomedical and Health Informatics, 2020, 25(7): 2615–2628.

[156] Santiago Silva, Boris A Gutman, Eduardo Romero, et al. Federated learning in distributed medical databases: Meta-analysis of large-scale subcortical brain data. In: 2019 IEEE 16th International Symposium on Biomedical Imaging (ISBI 2019), IEEE, 2019: 270–274.

[157] Utkarsh Chandra Srivastava, Anshuman Singh, and K Sree Kumar. Intracranial hemorrhage detection using neural network based methods with federated learning. In: arXiv preprint arXiv:2005.08644, 2020.

[158] Mohammad Malekzadeh, Burak Hasircioglu, Nitish Mital, et al. Dopamine: Differentially private federated learning on medical data. In: arXiv preprint arXiv:2101.11693, 2021.

[159] Ferhat Ucar, Deniz Korkmaz. COVIDiagnosis-Net: Deep Bayes-SqueezeNet based diagnosis of the coronavirus disease 2019 (COVID-19) from X-ray images. In: Medical Hypotheses, 2020, 140: 109761.

[160] Pengfei Guo, Puyang Wang, Jinyuan Zhou, et al. Multi-institutional collaborations for improving deep learning-based magnetic resonance image reconstruction using federated learning. In: Proceedings of the IEEE/CVF Conference on Computer Vision and Pattern Recognition, 2021: 2423–2432.

[161] Ming Y Lu, Richard J Chen, Dehan Kong, et al. Federated learning for computational pathology on gigapixel whole slide images. In: Medical Image Analysis, 2022, 76: 102298.

[162] Xiaoxiao Li, Yufeng Gu, Nicha Dvornek, et al. Multi-site fMRI analysis using privacy-preserving federated learning and domain adaptation: ABIDE results. In: Medical Image Analysis, 2020, 65: 101765.

[163] Holger R Roth, Ken Chang, Praveer Singh, et al. Federated learning for breast density classification: A real-world implementation. In: Domain Adaptation and Representation Transfer, and Distributed and Collaborative Learning: Second MICCAI Workshop, DART 2020, and First MICCAI Workshop, DCL 2020, 2020: 181–191.

[164] Bouziane Brik, Adlen Ksentini, Maha Bouaziz. Federated learning for UAVs-enabled wireless networks: Use cases, challenges, and open problems. In: IEEE Access, 2020, 8: 53841–53849.

[165] Helin Yang, Jun Zhao, Zehui Xiong, et al. Privacy-preserving federated learning for UAV-enabled networks: Learning-based joint scheduling and resource management. In: IEEE Journal on Selected Areas in Communications, 2021, 39(10): 3144–3159.

[166] Hongming Zhang, Lajos Hanzo. Federated learning assisted multi-UAV networks. In: IEEE Transactions on Vehicular Technology, 2020, 69(11): 14104–14109.

[167] Jingwei Yi, Fangzhao Wu, Chuhan Wu, et al. Efficient-FedRec: Efficient federated learning framework for privacy-preserving news recommendation. In: arXiv preprint arXiv:2109.05446, 2021.

[168] Qiang Li, Liwen Chen, Yong Zeng. The Mechanism and Effectiveness of Credit Scoring of P2P Lending Platform: Evidence from Renrendai.com. In: China Finance Review International, 2018, 8(3): 256–274.

[169] Charles T Carlstrom, Timothy S Fuerst. Agency Costs, Net Worth, and Business Fluctuations: A Computable General Equilibrium Analysis. In: The American Economic Review, 1997: 893–910.

[170] Vincenzo Quadrini. Financial Frictions in Macroeconomic Fluctuations. In: FRB Richmond Economic Quarterly, 2011, 97(3): 209–254.

[171] 方军雄. 所有制制度环境与信贷资金配置. 经济研究, 2007(12): 82–92.

[172] 刘凤良, 章潇萌, 于泽. 高投资结构失衡与价格指数二元分化. 金融研究, 2017(2): 54–69.

[173] 吕捷, 王高望. CPI 与 PPI "背离" 的结构性解释. 经济研究, 2015, 50(4): 136–149.

[174] Eckart Zitzler, Simon Künzli. Indicator-based selection in multiobjective search. In: International Conference on Parallel Problem Solving from Nature. Springer, 2004: 832–842.

[175] Otkrist Gupta, Ramesh Raskar. Distributed learning of deep neural network over multiple agents. In: Journal of Network and Computer Applications, 2018, 116: 1–8.

[176] Reza Shokri, Vitaly Shmatikov. Privacy-preserving deep learning. In: Proceedings of the 22nd ACM SIGSAC Conference on Computer and Communications Security, 2015: 1310–1321.

[177] Chandra Thapa, Pathum Chamikara Mahawaga Arachchige, Seyit Camtepe, et al. Splitfed: When federated learning meets split learning. In: Proceedings of the AAAI Conference on Artificial Intelligence, 2022, 36(8): 8485–8493.

[178] Farzin Haddadpour, Mohammad Mahdi Kamani, Aryan Mokhtari, et al. Federated learning with compression: Unified analysis and sharp guarantees. In: International Conference on Artificial Intelligence and Statistics. PMLR, 2021: 2350–2358.

[179] Amirhossein Reisizadeh, Aryan Mokhtari, Hamed Hassani, et al. Fedpaq: A communication-efficient federated learning method with periodic averaging and quantization. In: International Conference on Artificial Intelligence and Statistics. PMLR, 2020: 2021–2031.

[180] Qinqing Zheng, Shuxiao Chen, Qi Long, et al. Federated f-differential privacy. In: International Conference on Artificial Intelligence and Statistics. PMLR, 2021: 2251–2259.

[181] Robin C Geyer, Tassilo Klein, Moin Nabi. Differentially private federated learning: A client level perspective. In: arXiv preprint arXiv:1712.07557, 2017.

[182] Dingfan Chen, Ning Yu, Mario Fritz. Relaxloss: Defending membership inference attacks without losing utility. In: arXiv preprint arXiv:2207.05801, 2022.

[183] Liwei Song, Reza Shokri, Prateek Mittal. Membership inference attacks against adversarially robust deep learning models. In: 2019 IEEE Security and Privacy Workshops (SPW). IEEE, 2019: 50–56.

[184] Pavel Laskov. Practical evasion of a learning-based classifier: A case study. In: 2014 IEEE Symposium on Security and Privacy. IEEE, 2014: 197–211.

[185] Tribhuvanesh Orekondy, Bernt Schiele, Mario Fritz. Knock-off nets: Stealing functionality of black-box models. In: Proceedings of the IEEE/CVF Conference on Computer Vision and Pattern Recognition, 2019: 4954–4963.

[186] Yixu Wang, Jie Li, Hong Liu, et al. Black-box dissector: Towards erasing-based hard-label model stealing attack. In: Computer Vision–ECCV 2022: 17th European Conference, Tel Aviv, Israel, October 23–27, 2022, Proceedings, Part V. Springer, 2022: 192–208.

[187] Sanjay Kariyappa, Atul Prakash, Moinuddin K Qureshi. Maze: Data-free model stealing attack using zeroth-order gradient estimation. In: Proceedings of the IEEE/CVF Conference on Computer Vision and Pattern Recognition, 2021: 13814–13823.

[188] Jean-Baptiste Truong, Pratyush Maini, Robert J Walls, et al. Data-free model extraction. In: Proceedings of the IEEE/CVF Conference on Computer Vision and Pattern Recognition, 2021: 4771–4780.

[189] Erwan Le Merrer, Patrick Perez, and Gilles Trédan. Adversarial frontier stitching for remote neural network water-marking. In: Neural Computing and Applications, 2020, 32: 9233–9244.

[190] 杨强, 黄安埠, 刘洋. 联邦学习实战. 北京: 电子工业出版社, 2021.

[191] Tianyuan Zou, Yang Liu, Yan Kang, et al. Defending batch-level label inference and replacement attacks in vertical federated learning. In: IEEE Transactions on Big Data, 2022.

[192] Sambasivan N, Kapania S, Highfill H, et al. Everyone wants to do the model work, not the data work: Data Cascades in High-Stakes AI. In: Proceedings of the 2021 CHI Conference on Human Factors in Computing Systems, 2021: 1-15.

[193] Mangla U. Application of federated learning intelecommunications and edge computing. In Federated Learning: A Comprehensive Overview of Methods and Applications. Cham: Springer International Publishing, 2022: 523-534.

[194] Hong Trong T M, Srivatsa M, Verma D. A Privacy-preserving Product Recommender System. In: Federated Learning: A Comprehensive Over view of Methods and Applications. Cham: Springer International Publishing, 2022: 509-522.

[195] Yi, Jing wei, et al. Efficient-FedRec: Efficient federated learning framework for privacy-preserving news recommendation. In: arXiv preprint arXiv:2109.05446, 2023.